人氣
好評版

# 風格師給你
# 居家空間布置
# 85法則

6大經典風格＋8大明星級軟件

教你選對物，找出規劃關鍵，搭出對味的家

王雅文 Wing Wang 著

原點

# contents

前言

# 擁有這本書，就像把風格師帶在身邊

我18歲之前的家：磨石子地板、對脊椎很好的長長原木椅、黑色大理石圓桌、紅木板凳、白鐵供桌、爺爺的二手古玩擺放在翠綠色櫥窗框裡。那個家對我來說，可以說是我人生接觸的第一手風格。那年代，這樣的居家風格好像很常見，去同學家玩也是看到磨石子地板、好多紅木家具、沒有裝修的天花板、亮亮的白牆油漆。當時以為，啊！大家都喜歡這種感覺。原來，世界是這樣。

之後到美國念室內設計，一收到學院給的建議購書清單及拜訪清單，馬上奔去紐約設計中心，拿著熱騰騰的學生證進去拜訪店家，詢問著這個家具、這個布料、這個燈飾⋯⋯。那是我第二次覺得，原來，世界是這樣。每天走在第五大道狂逛那些時裝店，居然是培養出色彩敏銳度的訓練；穿梭在布魯克林區的文藝區，居然是培養出觀察力的訓練；停擺在小街區的咖啡店，居然是培養出嗅味覺感受力的訓練；遊蕩在紐約的街頭，居然是培養出對環境覺察力的訓練。當看得越多、聽得越多、嚐得越多、摸得越多，五感都變得更敏銳與寬廣後，真正的生活才開始。同時，當其中一項差強人意時，你會知道；當搭配完美時，你也會知道。

NY

## 先了解風格基本關鍵

在紐約工作一段時間，回台後發現和設計師或客戶溝通時，遇到的最大障礙就是風格認知差距，我現在說的工業風跟你所認為的工業風是否一樣，一直是個問題，更不用去談風格由來、歷史或文化。但是，這些由來、歷史或文化卻是衍伸出風格的元素、配置、顏色與裝置的關鍵，不參透它，難怪我們也不小心就變成在霧中行走。

此外，布置一個具美感的空間，其中牽涉到三個關鍵：和諧感、選物、合適度。和諧感不必刻意塑造，當看多、聽多、試多後就會有，它就跟說話的語感一樣；選物的首要原則絕對是目標導向，一出門就得知道今天要去哪？要看什麼？要找什麼？不要什麼？可以回頭檢視每趟出門是否如願達標；合適度跟記憶力有關，有時候看到喜歡的注意力就會被拉走，因此要記得，原件與新配件相容性，不要將就，也不要偏軌。

## 學會像風格師一樣思考與選擇

我時常問自己該如何去引導空間使用者去理解不同風格的差異性；直到我承接了世貿建材展的工作與演講，在準備過程當中，研究大量英國設計素材時，發現風格師（Stylist）這個職業正悄悄地在英國颳起旋風。當時的展覽，我也與國際當紅風格師Emily Henson交流了關於英國當地風格師的運作，腦海中立即閃過「這不就跟我在Master of Fine Arts學的是一樣的嗎？」的念頭。

快、狠、準的決斷力與敏銳度，通常是空間風格師的出廠設定。簡單來說，帶一個風格師逛街，可以減少挑選的時間，了解你要的並命中你要的，洞察出空間氛圍的差強人意，補齊差一點的完美風格。一個以目標導向的職位，讓你錢花在刀口上。

只是在玩風格前，你要先充分了解，才有機會超越框架，找到自己心儀的真愛啊！然後下一步才是將真愛們放到自己的空間裡，擺放得合宜、舒適又美；想要空間霸氣就陳設出霸氣韻味，想要空間溫柔婉約就布置出溫柔婉約感覺。以後，別人會問你這是什麼風格？你可以告訴他，「我創造的是我想要的感覺！」這就是風格師要教你的大絕招，在感覺裡找到屬於你自己的美與和諧。

這本書最大的用意，是希望引導對空間布置有興趣的你，更深入了解每一個風格的由來、元素及配色，然後打破它。對的！你沒有聽錯，現在或許你是依照風格選出你的空間喜好，但未來當你了解它後，就要去駕馭它。當那天來臨時，你會發現風格其實是墊腳石。找出你喜愛的元素及配色，搭配出和諧又舒服的空間才是最重要的。

2017年建材展

# 1

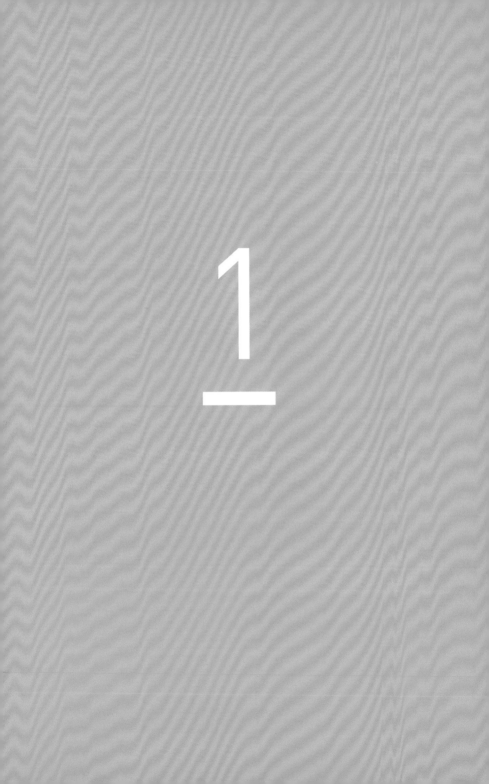

風格你好，
很高興認識你！

圖片提供：D&L丹意信實集團

## 你以為的風格，和我想的一樣嗎？

認識風格是讓家擁有風格的第一步，也是最難的一步。

通常我們上網搜搜北歐風就會出現一堆資料，但看著看著頭昏了眼花了，卻無法從其中找到自己喜歡的空間。究竟，是哪裡出了問題？真的問題其實在於你確定你一直以為的北歐風，就真的是北歐風嗎？或者，根本只是自己以為如此的概念呢？

所謂的風格，是我們給空間的定位跟標籤。當然，標籤可以說換就換，只要想要，你就可以把你家現在的風格命名為新義式風，也不會有人跑到你家跟你爭論。但若真的要給一個定位，重要的在於共識。

我在紐約當實習生時跟當時的專案設計師吵過一次架，她希望我協助她找到現代風的空間照。我花了一整天搜尋，滿心歡喜地拿著完整ＰＰＴ呈現給她，結果卻換來無情的打臉。我又重找一遍、又被退回一次，就這樣來來回回三、四遍後，我帶著爆炸的怒髮去找她，要她提供幾張她心目中所謂現代風的照片給我參考，這才發現，原來我跟她認知的現代風是不一樣的！

因為當時我是實習生，所以會跟很多專案設計師配合，每一次、每一個人對風格的認知與共識都有一點點不太一樣。幾次之後，我開始思考這可能是文化、種族、背景或者學校教的不一樣，而讓不同人產生了不同見解。離開紐約的那一年，我下了一個定論：「風格定義本身，可能就是個侷限。」它不像咖啡，黑咖啡就是不糖不奶，拿鐵就是濃縮加牛奶。

雖然風格沒有一定的標準或認定，但也不至於是個謎。若要解開這道難題，就必須得了解它的基礎原則，就如同想要找到真愛就必須知道你要什麼。好比說，你怎麼這麼確定你真的就是喜歡北歐風呢？而北歐風真的能滿足你嗎？

## 了解它，然後追到它

這樣說好了，水，是一個很平常的飲品，但在台灣喝到的水跟在新加坡喝到的水口感不一樣；在新加坡喝到的水跟在瑞士喝到的水口感不一樣；在日本喝到的水和在韓國喝到的水口感也不一樣。

水都如此，更何況是風格呢？在進一步探討之前，我們先玩一個遊戲吧。

圖片提供：Pixabay @ Pexels

STEP 1
**在google翻譯裡打上「工業風」**

STEP 2
**逐一把「工業風」翻譯成日文、韓文、英文、芬蘭文或德文等等，你越看不懂的語言越好**

STEP 3
**開啟五個視窗，將工業風不同譯文貼到google，以圖片搜索分別開啟**

STEP 4
**最後再用中文搜尋「工業風」**

搜尋到的結果會是什麼呢？

大家可能會很驚訝，奇怪！我們不是都用同樣的搜尋引擎且同樣的關鍵字，只是切換語言而已，為什麼找出來的圖片竟會有所不同？

這和當地人的喜好絕對有關係！甚至你可以說，對於工業風的認定，亞洲人跟歐洲人的觀點就是不同，這沒有對或錯，但可以通過轉換語言的方式，讓自己有更多的參考，也藉由這些選擇看到世界的多元面貌。或許你可能不喜歡韓國人心中的工業風，但並不代表你不會喜歡美國的工業風！關於風格是否打破你既定的認知與框架了呢？建議你每個風格都可以玩玩看，你會發現神秘的風格小宇宙，好好探險一番吧！

做功課是成功的不二法則，從小媽媽跟老師就是這樣教育我們的。通常，夠了解一個風格的元素、配色、調性、設計原則或搭配，你有八成機率可以創造出這個風格。

光是這八成的表象呈現就可以讓你的眾親友們為之讚嘆。但如果想達到滿分效果，另外兩成機率你可別放過。這兩成就是該風格的內涵、起源、歷史、背景及特點。如果拿談戀愛的對象來比喻，你了解這個人的人品、個性、習慣、學歷與工作後，你可以決定要不要與他來一場戀愛；但如果是長期交往或結婚對象，你可能更需要了解他的家庭背景、過去故事、人生理念或未來規劃等等，我們都可以預知盲目結婚會發生什麼事情吧？絕對是很驚險的事！

在一知半解的狀況之下盲目的選擇居家風格，也是如此。

## 追風的YES or NO

### Oh no!你別太白目，或Oh yes!照作就滿分。

除非你能找到一張空間照，讓你不費吹灰之力百分之百照做；或是有預算花錢找專業設計師將圖中的風格元素做一點調整，加入一些新點子，不然，請捲起袖子自己做足功課，好好了解該風格之後，善用該風格元素及顏色妝點居家。

通常一個作品會失敗的主因，就是這裡加一點、那裡減一些；這裡多一個、那裡少這個，最後作品不是大好就是大壞。這也是專業人士能以此維生的重要原因。但不是一定花錢去請人來規劃改裝就一定成功，如果找到的是個半仙，那很有可能賠了夫人又折兵。

不想要風格大好大壞只有兩個方法，一是不叛逆懶人法，找到你喜歡的風格，依照正確元素乖乖照做，保證百分百成功不會失真；二是勤補專業，讓自己做足功課好好分析後應戰。我見過很多案例自己動手做最失敗的原因就是，常常天馬行空沒來由地加入一點想法，並且很任性的堅持執行，這就是所謂的個人風格。當然也有意外的時候，加入一點元素後，居然讓空間更加分，但這是天分，大多人沒有！所以總的來說，不乖不照做又犯懶不做功課，又想省錢不找專業，居家的風格設計就跟賭博沒兩樣，只有大輸或大贏。

# 4招教你學會掌控風格

tip 1

## 做一個大模王／像個孩子，模仿喜歡的一切

找到自己最喜歡的空間照片是最重要的，下一步才是模仿。跟著學材質、顏色、風格、配置、設計或線條，方方面面都遵循著，當你完整的模仿後，你也完全的學會了。

很多人會說模仿不好，但誰不是這樣開始學習的？例如學寫字的時候、學泡茶或咖啡的時候、學說話的時候……。模仿是因為我們心中認定的那個人事物有某些價值存在，真心認同他，而風格或藝術也是一樣。如同我剛到美國，我得要模仿他們的飲食習慣、在地生活或文化語言，模仿是最快的入門方式。但開始模仿時，要有一個特定的目標，鎖定它之後進行研究，然後努力的一步一步照做。做得上手後，再把細節也考量進去，通常學的精不精就在這一步了。

**值得模仿的對象**

**室內設計相關雜誌**

Dwell、ARCHITECTURAL DIGEST、ATTITUDE、SLEEPER、Ideal Home、klassisch wohnen

**藝術雜誌**

FRAME、Aesthetica、Communication Arts Magazine

**網站**

Pinterest、Etsy、Houzz

## tip 2 做一個偵探／像找碴一樣，搜尋眼前的細節

小時候，我們才剛生出來不懂人事物時，是由我們的眼睛帶著我們看世界；長大後，則換成你帶著你的眼睛看世界。不論是你所喜歡的空間還是風格照片，仔仔細細地看著感興趣的畫面，然後像找碴一樣注意起小細節。例如鈕扣的顏色、把手的材質、桌腳的粗細、沙發的面料、光照的範圍或燈具框邊的色彩等等。

一個協調的空間通常都是由很多小細節所構成，而這些細節的互相搭配及呼應都是功不可沒的小兵，當設計師們或風格師們判斷風格時，也是藉由各種細節元素去分辨。另外一種方式，則是試著讓自己找出關聯性，你可對自己問問題，然後再去找答案。例如這張地毯的顏色為什麼要選這個色系？這個空間還有哪些地方也是用這個色系？

## tip 3 做一個懶惰蟲／懂得享受空間，就成功一半了

忙碌很容易讓人忽略許多小細節，但其實美學就藏在生活裡面；

偷閒喝一杯下午茶，其實不是茶很好喝或咖啡沖得很好，而是因為在那個空間你放鬆了，所以看到的視野、體會的感受、呼吸的氛圍也不一樣了。藝術就藏在生活中，懶懶地坐在椅子上享受一段時光，靜靜的看著周圍，你會比平常看到的細節更多，不曾注意的配色與材質突然都在你面前有了生命力。

看到了細節，才可以分辨出自己的喜好與理由；或者你討厭什麼，理由為何。你也可以說，越放鬆越能注意到細節，你也將越了解自己的喜好，這才有辦法去選擇你喜歡的事物，進而放到你的空間裡或風格內，如此一來才能精準打造出真正讓你舒服的空間。

## tip 4 做一個有計畫的討厭鬼／挑剔，用在對的人與事上

會挑剔、會嫌棄、會鑽牛角尖感覺有點負面，但若是將這特質發揮在對的時間與對的事上，反而是一個助力。特別是針對空間剛開始要著手進行的時刻，通常這樣的特質呈現出來後，所造成的結果都不會離自己想要的差太遠，而且更改或變動的機率也不高。

所謂對的時間，我會這麼說是因為你很清楚自己要的是什麼，而方向與定位也隨著每次的挑剔、每次的嫌棄或每次的囉嗦更清晰，為了達到自己心中理想的空間是需要不斷調整與升級的。但是在每次挑剔的同時，伴隨而來的會是拉長工作時間的副作用，畢竟當你一挑剔，就需要再花一段時間去尋找內心的理想。所以，好好的規劃及預留時間是必要的，不要到頭來因為時間緊迫或壓力而將就了、隨便了。

至於對的事，那就是要先請你將空間要求的優先次序羅列出來。你可以開始回想，哪裡是最重要的空間？使用哪個空間的頻率最高？會花一整天時間待在哪個家具上？……完成這個步驟後，下一個步驟是寫下你所在意的優先次序；有的人在意玄關的穿鞋椅、餐桌上的吊燈、沙發的邊几、浴室入口的腳踏墊、書櫃上的防潮箱或廚房壁磚等等。每個人在意的東西有所不同，寫下這些品項後，將兩張清單放在一起，請依直覺在最重要的品項前寫下1，第二個寫2，依此類推。完成後，仔細看看這些順序，它們

可能就是你力氣應該花在哪裡的優先次序，同時也可以說是預算分配重要性的次序。

總的來說，要將精力花在對的時間與重要的事上，才不會浪費時間又徒勞無功。要挑剔、要難搞、要嫌棄，可不是隨隨便便的，不然只會把自己搞得很累之外又一場空。

# 2

# 六大經典風格，你確定都做對了？

1 北歐風 SCANDINAVIAN STYLE

2 工業風 INDUSTRIAL STYLE

3 新美式風 NEW AMERRICAN STYLE

4 輕奢風 LUXURY STYLE

5 現代風 MODERN STYLE

6 日系風 JAPANESE STYLE

# 北歐風

SCANDINAVIAN STYLE

圖片提供：D&L丹意信實集團

Q **誰適合北歐風？**

A 空間大、採光好、輕盈感、喜愛簡單過生活及自然元素

# 掌握八件事，新北歐風不有事

曾有人對我說，「台灣很流行『台式風』這風格真有味道」，當時我聽得一頭霧水；這讓我想到有次和瑞典朋友聊起北歐風，她瞪大眼睛、皺著眉看我，我還以為是我英文不好表達有問題，但仔細聊過，才意識出原來我們定義的「北歐風」是讓她丈二金剛摸不著頭緒的！

**北歐人不知道自己是北歐風！**

我相信很多人都搜尋過關鍵字「北歐風」或找照片，但找到的東西不多而且很一般，或直白說了就是不道地。事實上，北歐是地理上對於歐洲北部的簡稱，而丹麥、挪威、瑞典、芬蘭和冰島五個國家因為位置比鄰，再加上擁有相近的歷史文化而被通稱為北歐五國，所以用帶有地理意味的「斯堪地那維亞」（Scandinavia）一詞作為去搜尋，才能找到更多北歐風的相關資料。下次試試用「Scandinavian design」或「Scandinavian style」，或許你要的美感會在這裡。

斯堪地那維亞半島的氣候分布多樣：瑞典北區與南區氣候差異大、丹麥日照時間較短，氣溫多於零度以上、位於極圈的芬蘭則有素負盛名的永夜和永晝；根據溫度、濕度、環境等不同條件，北歐五國生活的色調和材質選用上都略有差異，不過因為同位於北緯54度以北的緣故，他們的室內設計皆回應了這裡的漫漫冬季，在追求明亮、輕盈且實用的生活渴望下，造就出了令全球趨之若鶩、兼具功能與風格特色的迷人北歐風。

接下來說明北歐風特點。

圖片提供：Max Vakhtbovych@Pexels

## POINT 1 白牆＋局部跳色

白色絕對是北歐風牆面顏色的首選！因為明亮的白色象徵空間裡的太陽，能為無止盡的黑夜帶來希望。但這並不意味著北歐人拒絕顏色！他們往往巧妙地使用鮮明的顏色點綴於空間中，但先決條件是色彩與白牆在配色比例上絕對搭的剛剛好。白牆讓空間增加明亮度，搭配多樣性的家具色彩顯得空間具趣味性。

## POINT 2 源於自然的輕盈色彩

除了以白色為基底之外，北歐風的配色皆屬於中性色調，像是木炭色、紅土色、石灰色或棕櫚色……諸如此類取材於自然的顏色最受歡迎。新北歐風的色系越來越多元，其中的技巧是把彩度降低一點，鮮豔度也較不飽和，在色彩的明度上做調整，就會出現一系列可供你選擇的新北歐風色彩了。

COLORS OF SCANDINAVIAN AT HOME

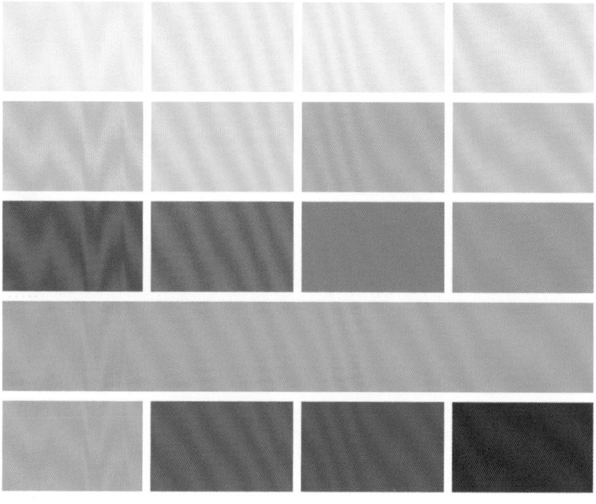

圖片提供：D&L丹意信實集團

## POINT 3　線條流暢＋人體工學

新北歐風家具的設計概念以人體工學為出發點，強調使用時的舒適度，更以其線條簡潔與優美的外型，成為雋永的代名詞，是具前衛性又實用的家具，因此家具是新北歐風裡很重要的美學擺設。

## POINT 4 幾何圖騰與豐富色彩

斯堪地那維亞民族將其對自然的熱愛毫無遺漏的轉譯於裝飾上，因而自然界的花草植物、動物湖泊、山川景色……在在變幻化成簡單的線條與圖案，為居家空間帶來舒適且溫暖的氣息。豐富的色彩也是在北歐風很受歡迎的。從小處布藝到大型家具，幾何圖騰都會豐富白淨的空間，圖騰的密度與布局是非常重要的小細節；密度過密會讓空間看起來過於擁擠，密度不足又看起來稀疏無彩。

圖片提供：IKEA（下）／寬庭K_space（上）

## POINT 5 自然材質

在材質配搭上，當然也是以自然素材為主，如木頭、棉、麻、蠶絲、竹編等，同時亦根據不同的溫度、濕度等地域條件決定使用何種材質軟裝。在北歐你可以發現，溫度越低的地方，木頭和羊毛出現的機率就越高。木質地板能讓空間看起來有一定的暖度，再加上不同質地的布料或家飾，就能讓空間看起來多了一分溫馨。適當的木頭使用比例，也可以讓空間看起來更柔和。

圖片提供：Element Digital@Pexels

圖片提供：IKEA

圖片提供：D&L丹意信實集團

## POINT 6 開闊式空間

從實際的層面來說，因為北歐冬天寒冷，在開放式空間裡壁爐才能有效產生熱對流、創造出溫暖宜人的溫度。從另一個美學層面來說，北歐人和中國人一樣，擅長借景於自然，室內的陳設就像是窗外亮麗風景的凝縮，開放式的空間設計正能展現他們天人合一的生活思維。

## POINT 7 低懸吊燈

在新北歐風中，燈具除了照明外，可是一件寶貝的裝飾品。低懸吊燈扮演著空間中重要的吸睛角色，最佳高度為離地170-180cm，或距離桌面或櫃面80-90cm，這樣的光源照度是最舒適的。如此一來不但讓空間產生視覺焦點、還能產生空間變挑高的錯覺。無論哪種材質的吊燈，在空間裡都可以增添垂直面的故事性，也豐富了立體面。

圖片提供：D&L丹意信實集團

圖片提供：IKEA

## POINT 8 壁爐

壁爐是一個功能性的大型藝術品，雖然現代多使用暖氣或暖爐，對於與雪為伍的北歐國家來說，壁爐不但是必需品，樣式更是日新月異。當空間不需要使用時，它也是充滿雕塑感的，因此對北歐人來說，壁爐給予空間的味道可是現代高科技產品無法取代的。

## 北歐風 vs. MUJI 風大拆解

### 我們不一樣！<br>北歐風 & MUJI 風超級比一比

隨著北歐風成為全球性的風格，漸漸地發展出許多旁支。近期風格裡很常被混為一談的就是北歐風與MUJI風（無印良品風），這真的造成風格師工作上不小的困擾！

有一回，有個客人提出他的家想走北歐風，我請他找尋參考照片，結果，他提供的都是MUJI風。後來，又有一位設計師請我協助找尋北歐風格的配件，但他傳給我的範例還是MUJI風！雖然這兩者看上去很雷同，但細究下去其實差很多！

有些人會定位MUJI風屬於北歐風旁系，但它的源頭卻是更偏向日系路線，或者視為21世紀日系風的新趨勢。MUJI風格的發展是隨著日本有收納師職業而崛起，再加上MUJI品牌推波助瀾，儼然成為時下最受歡迎的小空間設計取向。

近年來，北歐風入境東方而隨俗地發展出結合強大收納功能與機能的設計，人們對北歐風的概念逐漸調整出新的方向與定位。兩者風格上有些概念很雷同，所以才會令人混淆。不過，這兩種風格還是不能畫上等號，一個在東方，一個在西方，既不是兄弟，也不是姐妹，大家以後不要再張冠李戴啦！

| | 北歐風 | MUJI 風 |
|---|---|---|
| 空間風格 | 偏好白色帶灰 | 偏好原色帶黃 |
| 主色調 | 白色 80%、木色 10%、其他 10% | 木色 80%、白色 20% |
| 配色 | 以自然色為主，局部跳色 | 不著重色彩運用 |
| 給人的感覺 | 優雅、自然 | 內斂、雅緻 |
| 優點 | 有趣、可突顯品味 | 實用性強、收納性佳 |
| 缺點 | 空間太過寬大，顯得浪費 | 稍嫌單調、沒有個人特色 |

圖片提供：北歐櫥窗

# 工業風

INDUSTRIAL STYLE

## 四大類型 找到專屬你的工業風

工業風一定就是粗獷？那可不一定！工業風源自紐約下城區，當時

圖片提供：1969藍天雀客飯店

人們將工廠和倉庫空間改造，保留既有的鋼、鐵、水泥與磚外露展現獨特個性，以其所流露出的豐沛創造力和自由精神而深受大家的喜愛！從五〇年代大流行發展至今面貌非常多元，現在工業風可以是簡約輕盈、也可以摩登奢華。偷偷告訴你，掌握關鍵的材質比例，就能輕鬆混搭出專屬的個性空間！現在，就從四大工業風空間入手，你也可以輕鬆創造專屬的工業風！

## 工業風，不等於「工業」

工業風從何而來？上個世紀四〇年代的紐約，隨著土地價格上漲，工廠和倉庫必須從市中心搬到下城，於是周圍公寓開始進駐許多年輕人，他們向倉儲店家承租假日時刻以展覽自己的作品、古玩、收藏或創意之作。由於預算不高，所以會利用廠房或倉庫的材料自己手工裝潢，噴起適合自己的顏色，讓充滿水泥及鐵皮的空間增添個人風采。五〇年代漸漸有許多中產階級也開始玩創新，一些知識份子、商業人士、律師或金融家陸續加入，在下城租更大的空間，工業風也因而漸漸升級。

由於工業廠區保留的材質如鐵、鋼、水泥、磚，使室內充滿「工廠」氣氛，加上紐約客個人收藏的混搭，於是產生了今日具摩登感受的工業風空間。

工業風真正受到紐約客喜歡的原因是價格親民而且不花時間，只需要噴塗樑柱、組合原始牆面、整理磚面，工業風的輪廓即已清晰可見。除了家具和裝飾展品可自由玩出自我風格，運用空間中的材質和尺寸比例更能創造出不同的空間層次，在視覺上產生擴大感並增加層次美感，這也是為什麼工業風可以玩出不同調性、擁有個人特質的重要原因。

Q　誰適合工業風？

A　採光好、有個性喜歡free style、喜歡經常更換擺設的人

## 你是哪種工業風？

工業風最迷人的地方就在於自由展現個性，無論什麼樣的空間，只要具備關鍵元素加上個人收藏就能展現個性，再加上自由布局的彈性，讓喜愛變化的人甚至能隨季節或年份變化擺設。更棒的是，工業風不做天花板、保留原始牆面，因而成本低，人人皆可入手！一般來說工業風可以略為分為四大類：經典工業風、復古工業風、現代工業風、輕質工業風。不管你是哪一類型，都可以找到屬於自己的工業風，看看你屬於哪一種？

### 工業風迷人的秘密？

**● 自由布局**

原生於倉庫的寬敞空間和挑高天花板能充分展現工業風的美麗，開放自由的格局，可以讓喜歡多變的人隨時變換擺設。

**● 突顯個性，個人風格濃郁**

藝術家或收藏家各種展示的理想選擇，充滿各種趣味性。

**● 裝修費用親民**

因為不強調天花板設計所以能省下較多成本，同時室內家具家飾的添購豐儉由人，不論是裝修還是布置，就算預算不多也能輕而易舉的就能將工業風獨特韻味展示出來。

圖片提供：IKEA

style 1

## 經典工業風——適合小資青創的你

如果你是工業風的愛好者，也想要花點小錢就能在空間裡表現個人性格，經典工業風就是你的路數。不施作天花板的伎倆讓空間看起來更保有建築原味，但管路還是需要排列整齊。保持建築物的原生材料—水泥與磚面，除了可以展現強烈的工業質感外，這兩個材質也是經典工業風的靈魂。如果不喜歡太硬的感覺，建議輕量化鐵件材質或皮革材質。色彩搭配上，水泥灰是主要用色色調。如果想個性化一點可以挑一個海軍藍、墨綠、藍灰色或鐵灰色。特別是近年來，某些色彩愛好者會選擇用海軍藍或灰藍可取代無色彩的灰色，讓工業風看起來更活潑；若想要空間輕一點，部分鐵件可以改噴白色。在經典工業風裡輕量化木質家具可是非常重要的，可不要讓木質家具搶了水泥灰的主旋律。

圖片提供：Polina Kovaleva@Pexels

## style 2 復古工業風——適合愛收藏有大空間的你

並不是每一種風格都很適合走復古路線，但工業風總是能不刻意的就呈現復古味，如果你是一位藏家，可能是藝術品、公仔甚至是古玩與重機，喜歡有年代感的復古老物件，對二手皮革、老木、鏽鐵超有感，喜歡深色靜謐空間感的話，不妨大膽走向復古工業風，最好有挑高大空間能容納物件多樣性，更能展現空間層次感。

## style 3　現代工業風——適合喜愛當代藝術的你

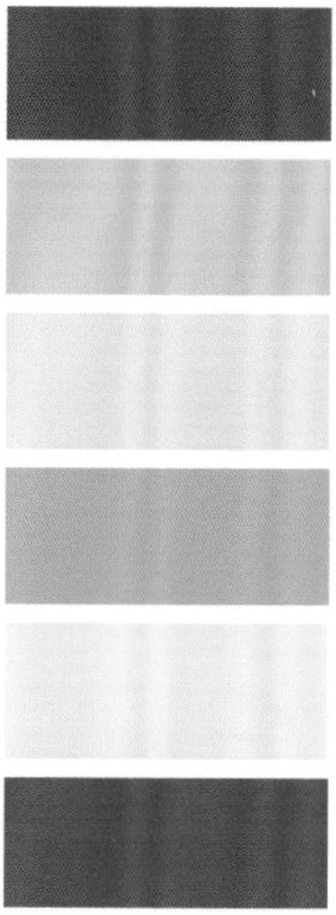

如果你偏愛當代藝術，又不想太過簡約單調，對顏色的細膩變化相對敏感，喜愛偏精工的金飾或銀飾等具現代感物件的話，不妨選擇現代工業風。現代工業風給予空間更多的原生質感與現代感的家飾物件相互對話，增加空間豐富性。你可以打造工業風高挑天花板與個性化水泥地面搭配簡單白牆設計與布質地的現代感家具，布藝家具可以柔化工業風的粗獷，並帶出高質感的品味，是近兩年非常受歡迎的風格，有些人認為它是現代風與工業風的結合，但無論是哪種名稱或者認知，工業風的走向已經偏向更柔化及輕化的調性，這樣的變化吸引了更多的愛好者。

圖片提供：D&L丹意信實集團

## style 4 輕質工業風——適合第一次嘗試工業風的你

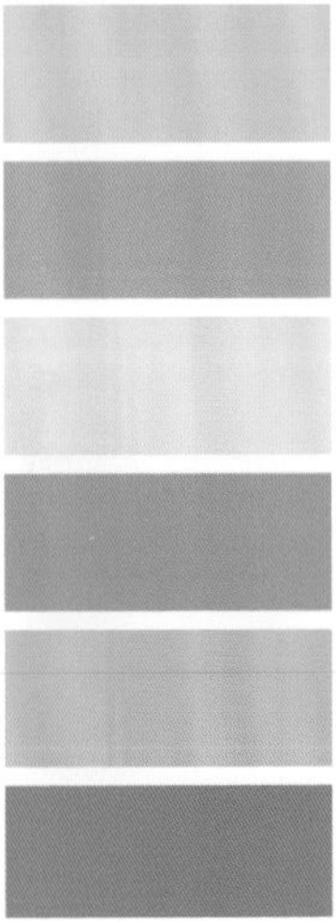

如果喜歡比較簡單的空間，天花板、地板或牆面也不喜歡太過裝飾、喜歡自然材質感，那麼輕質工業風可以為你創造一點獨特個性。

輕質工業風已經將工業風本身粗獷的材質或深黑的用色捨棄了許多，它隱隱夾帶著工業風的韻味，搭配上有質感的布質地家具，回到家可以好好放鬆。通常這個調調很適合混搭感，你可以將牆面保有工業風感覺，家具可由較現代感或北歐風中擇一，帶入明亮或療癒的色彩。唯一要注意的是家具顏色不宜太鮮豔，否則看起來會失衡，這是輕質工業風的訣竅。

FIRST STEP

## 工業風，第一次入門就上手！

**Q1 有人說工業風看起來破銅爛鐵太多，我要如何看起來不破不亂？**

A1 首先你要在四大類工業風裡找到一種你最想要的，不建議摻雜著使用，因為工業風元素本來就較有特色，再經過混搭會把韻味給弄雜了。很多人想要展現出標新立異的一面，事後又加入了自己的收藏品與個人點子，原本以為畫龍點睛其實就畫蛇添足了。挑選一種工業風這樣才有空間加入自己個性化的布置。另外，適當的留白也很重要，千萬不要擺好擺滿弄得琳瑯滿目，空間的感覺反而會更雜亂。

**Q2 工業風太過冷調怎麼辦？**

A2 工業風材料裡的鐵件與水泥都給人冷冷的感覺，如果想要增添空間的多樣性、讓空間暖一點，可以在顏色上下手。例如磚牆部分運用橘色或黃色漆在真磚牆上，讓它呈現斑駁感；或者保留磚牆本身的凹凸，呈現自然的味道，並在磚牆上方放置軌道燈或投射燈，使光影能在空間內幫你加分，如此一來就能暖化工業風過冷的調性。

如果不想動到牆面，也可選擇一些布置品來擺設，色相同樣請挑選暖色系，例如紅、橘、黃、粉紅色、紅紫色的配件；還有一個小撇步，簡單放置1至3盆植栽，自然就能增添溫暖氛圍。

**Q3 工業風的磚牆可以怎麼呈現？**

A3 若預算不高可選擇貼壁紙或壁畫，再者可以選擇貼文化磚或圖畫方式也是可以。但最佳呈現方式當然是請泥作師傅保留砌磚的形狀。

圖片提供：STELLA WORKS

# 四大工業風的造型、材質比例選配

選定好喜愛的風格感覺，接下來就要從比例著手，為大空間結構定調。而工業風所謂的比例有二，一是造型的比例，一是材料的比例。

首先造型比例，工業風在造型上是由95%方加上5%圓而成。至於材料比例，由於工業風不隱藏建築材料，保留管線橫樑及管道，所以磚面、鐵件、水泥、木材等材質的配比不同就會營造出不同的工業風調性。比例抓出後，再選擇是否加上老舊家具，根據喜愛風格選擇搭配的鐵椅、不鏽鋼裝飾品、皮革家具、灰色或暗色系列地毯等，想要的工業風就完成了！

圖片提供：Daniel Frese@Pexels

## style 1　經典工業風——水泥灰的高比例原則

還記得經典工業風的視覺印象嗎？不施作天花板再加上保持建築物的原生水泥與磚面，就能打造工業風格，是最簡單有效果的方式。但空間裡水泥灰並不是一枝獨秀，還可置入一個個性化顏色，如深灰或灰藍，再搭配建物本身裸露管線，讓經典工業元素一次備齊，空間魅力自然形成。另外，在經典工業風裡，水泥占了高比例，但別忘了加20%的木質家具，可讓空間看起來不只有冰冷的水泥感而有了暖度。

## style 2 復古工業風——仿舊元素高調原則

材質上，只要將工業風的每一個經典元素比例再加碼就對了！裸露的磚面，加上最好有鏽鐵感的黑鐵框大窗，兩個材質算是復古工業風的常客，也都代表了年代感與歷史感，若再搭配上有年代感的原木，因年代久遠而產生的木紋，老老舊舊的斑駁樣，更能突顯出復古工業風的氣味，重現彷彿50年代紐約loft原味！

圖片提供：Emre Can@Pexels

## style 3 現代工業風——留白增加原則

減少工業粗獷，增加現代感的水泥或白牆，無論牆面是平光或者是粉光的樣式，讓整體空間多了留白，材質選擇上以金屬取代黑鐵，再加上一些彩度較高的家飾，就能創造出較為時尚感的現代工業風，符合細緻敏感的人。

圖片提供：Daria Shevisova@Pexels

圖片提供：品藝空間設計

## style 4 輕質工業風——白牆大於磚面比例原則

第一次嘗試工業風，不妨保留大比例的白牆，甚至把磚面也變成白色，白色的磚面是一個很好的選擇。磚是一個讓空間感覺充滿原生的韻味，而白色又代表著明亮與清爽，兩者結合剛剛好很適合出現在輕質工業風裡，但切記！挑一面主牆做磚面材質就好，其餘的還是建議用白牆呈現，這樣才會更清爽。而工業風元素的鐵件只選擇一項，例如黑線框窗框，木材也選擇中淡色系，再加上自然風的布質家飾，清爽又有個性的工業風空間，就是這麼簡單。

## 四種工業風比一比

圖片提供：品藝空間設計

| | 復古 | 經典工業風 |
|---|---|---|
| 空間特色 | 挑高且寬闊的空間 | 挑高但不寬闊的空間 |
| 適合對象 | ● 收藏品有古玩系列的玩家<br>● 深色皮革愛好者<br>● 喜歡空間氛圍比較濃郁的<br>● 喜歡仿舊老木、鏽鐵或是念舊的人 | ● 小資或青創者<br>● 已經試過工業風，想更個性化<br>● 偏好黑鐵件者<br>● 中性者<br>● 喜好皮者 |
| 特色 | 非常具有個人特色、過目難忘、有年代感 | CP 值高、美觀與價格成正比、中性 |
| 材質 | 老舊木材、裸露的磚牆（橘紅／暗紅）、鋼、水泥、挑高天花板、黑鐵框的大窗戶、老式鑄鐵腳輪、鏽鐵裝飾 | 木材、裸露的磚牆（紅）、鋼樑、管道裝飾、水泥、無天花設計、黑鐵框的大窗戶 |

## 四種工業風比一比

| | 現代 | 輕質 |
|---|---|---|
| 空間特色 | 一般空間，但有做天花板 | 尺度小且天花低的空間 |
| 適合對象 | ● 個性化的愛好者<br>● 對顏色很敏感的人<br>● 喜歡金飾或銀飾<br>● 喜歡現代感的物件 | ● 喜歡輕柔中帶一點個性化<br>● 喜歡布質沙發<br>● 也滿喜歡北歐風的<br>● 第一次嘗試工業風<br>● 追求空間輕盈又帶粗獷感 |
| 特色 | 兼顧質感與原生材質、舒服 | 清爽、舒適、不複雜 |
| 材質 | 木材、磚牆（白／灰）、鋼樑、管道裝飾、水泥、有天花板設計、不鏽鋼家具、一般布藝、金屬、平整白牆 | 淡色木材、磚牆（白／米色）、白水泥、白鋁框的窗戶、地毯、布藝、平整白牆 |

# 新美式風

NEW AMERRICAN STYLE

## 向老氣 say goodbye！四大重點做出完美新美式

融合了鄉村風的設計特色，再加上受到歷史啟發，美式風格的悠閒調性一度是眾所嚮往的居家氛圍，甚至和鄉村風畫上等號。早年的美式風格運用了柔和的色彩和復古外觀，例如米白色壁紙、油漆和木條式天花線板；裝飾上採用了線條紋路、織物及手作家具；同時也對家具十分講究，每張桌椅都是量身訂製，因而常有繁複的雕刻與設計元素。美式家具常選用的木材質包括楓木、榆木、山核桃木和櫻桃木，有些櫃體設計還配有黃銅把手，用以增添精緻感受。如今的新美式已經超越了過去，空間更為開放，色

Q 誰適合新美式？

A 喜愛經典、優雅的人，空間建議挑高2.8米以上

（右圖）新美式風的軟裝如果採取高彩度配置，建議選擇同一色相。至於大範圍的用色像是牆面，建議以白色或灰色為主，這樣一來會讓主色彩更為顯眼。

### 新美式造型元素整理

**空間**

放棄不必要的分隔，開放式的客廳與餐廳，空間夠大還可再多一間Family Room。

**顏色**

選擇溫暖自然的色彩，如白、米、淡卡其、淡雅灰，再搭配大膽的顏色如勃艮第酒紅、墨綠或海軍藍。

**硬裝**

在天花板和牆壁裝飾上運用線板打造空間層次感。

**軟裝**

有型的沙發可以搭配寬幅條紋型的地毯，與單色系列的披毯，豐富空間也產生和諧感。在新美式裡，可搭配銀色或大象灰的銀飾家具飾品做點綴，金色亮面裝飾品較不適宜。

圖片提供：D&L丹意信實集團

彩也略為大膽搶眼。新美式風格最重要的訣竅就在於完美的比例，當搭配的剛好時，空間的美感就會產生，搭配over時就會顯得老氣，太少又顯得空洞乏味。只要抓好比例，再挑幾件自己喜歡的色彩及家具款式搭配，空間的獨特性就會隨之展現。

圖片提供：D&L丹意信實集團

## 好比例決定風格

在亞洲若是想打造新美式空間，會是一個充滿挑戰的任務，因為美國室內設計分工極細，一個個性化的新美式空間，往往由概念設師（concept designer）、室內設計師（interior）與軟裝師（decorator）三者間彼此合作搭配、共同完成。不過在亞洲，從設計規劃、布置陳設與風格走向，大多習慣由全才的室內設計師整套包辦。因為市場取向不同，兩種方式各有利弊，然而無論如何，新美式風格最重要的精神在於軟硬裝的比例與色彩拿捏，有些人偏好在室內設計、即硬裝比例多一點，有些人則喜歡家具布置、即軟裝風格強烈一點。

如果硬裝線板過於繁瑣或使用面積過多，新美式的優雅感就不見

了，反而會讓空間看起來更像法式洛可可風。如果兩者比例都很輕，那可能成為現代極簡風。所以，新美式風格的完美呈現，需要在硬軟裝的比例權衡上下很大的功夫。

**美式風為何會使用線板？**

圖片提供：D&L丹意信實集團

在美國某些地區，線板不只是裝飾功能，在裝修時搭配特殊工法，窗戶邊的線板壓條還能阻隔戶外冷空氣進入室內，即使寒冷的冬天也能維持室內舒適度，防雪防冷是美國某些州因應冬天會下雪室內裝潢時需要考量的重要環境因素之一。

## 用顏色對比出強烈風格

新美式除了保有原來美式風格設計線板的特色外，還增加了色彩上的多元運用。如果說美式風的愛好者多為熟齡族，新美式的空間看起來就年輕了不少。

20世紀末，隨著美國人生活條件越來越好，出現了不同享樂形式，連帶著開始重視生活品質，居家風格也有了變化。一方面是沿用鄉村風元素並加以簡化，同時為了展現使用者個人喜好，開始在牆面上放置顏色，也因為色彩的不同，撞擊出不同的火花，織物、抱枕及家具都因此出現了不同的搭配。因此，新美式最明顯的特徵之一，就是大膽的色彩。但別誤會，這並不意味在牆面塗上單一鮮豔顏色就是新美式了，所謂大膽的顏色，是指以強烈色彩碰撞而形成視覺對比效果。

另一種做法，是在某些簡單的空間裡，例如牆面無任何裝飾線板僅僅漆上淺灰色、米白色或白色時，再搭配時下流行色之布飾家具。在歐美甚至還有人為了追求造型，重金聘請義大利設計師專門搭配！室內設計師、風格師會一起討論如何拿捏空間與家具的比例，讓家具成為了空間的主角，天地牆則如背景音樂般共同協奏著。對美國人來說，21世紀的空間裝修越簡化越好，把錢花在家具或其他配飾上，因此，家具用色的面積與空間比例需要準確拿捏。

無論是想在牆面或是家具家飾上玩跳色，建議入門者選擇一項賦予其強烈色彩就好，直到你能掌握色彩及敏感度夠高時，就可以玩玩多重色彩。

圖片提供：D&L丹意信實集團

## 如何讓現代美式風耐看不過時？

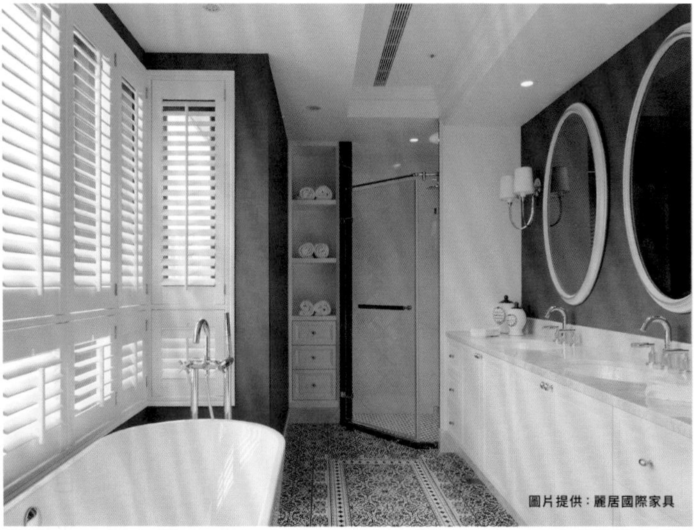

圖片提供：麗居國際家具

### ● 壁與天得避開木設計

不在牆面或者天花板選擇木皮或木頭相關設計，如果真的很喜歡木質材料，可以選擇用木地板或木紋磚，而木質顏色不要選偏太紅或太橘，偏黑白灰色調是較好的選擇。

### ● 善用噴漆（冷烤漆）

牆面或壁板裝飾可選用噴漆（冷烤漆），而顏色可選擇白或淡米白，天花板就用一般乳膠漆、水泥漆即可。

### ● 色彩挑一個主色調

在裝飾品上，可以一個顏色為主調，例如海軍藍，那麼整個空間就以藍色為主要走向，千萬別在空間裡突然加入其他顏色，避免喧賓奪主。

### ● 畫作，風格替換好幫手

畫品是一個很好的選擇，如果有固定收藏可以使用，如果沒有，可以入手一些較親民價位的畫品，運用畫品可以在不同季節或心情時去更換不同畫品，讓空間風格更多元也可以保持新鮮感。

## SECRET 1 完美73比

新美式風格的完美呈現，重點在於硬軟裝比例的拿捏，所以，大絕招來了！那就是「73比」！73比可進一步分為硬裝30%、軟裝70%，或硬裝70%、軟裝30%兩種。

### ● 硬裝30%、軟裝70%

採取此策略，那在軟裝上就可以大膽玩了！裝飾布藝的條紋可選浮誇一點，襯托出個性與線條感；軟裝用色上也可以稍微選搭自己喜歡的有色系列，條紋或色塊分布都是可以參考的樣式；如果喜愛自然印花的布藝軟裝，可選白底的布飾，白底可與白牆互相呼應讓軟裝的花面更為亮眼。

硬裝方面，建議在天花板挑高區做線板處理，牆面的分割可以只做下段線板裝飾就好，約離地高85-110cm既簡單又優雅，硬裝上色建議以白、白色、淺米色或淡灰色擇一使用，襯托軟裝為主。

如此一來，就算是白色牆面，因為有了線版裝飾，空間就顯得氣質又高雅，然後運用抱枕、沙發、地毯與披毯的鮮豔色彩撞擊出不同的味道，整體看起來飄著可愛又清新的甜味。

● **硬裝**70%、**軟裝**30%

若是選擇著重在硬裝方面，則適合在天花板、壁櫃或牆面做些線板、踢腳板或壁板裝飾，以強化牆面的立體層次。美式風格在硬裝上最重要的元素就是線板、踢腳板或壁板裝飾，無論是美式風格或新美式風這都是無可取代的重點特色。地板請選擇偏暖色系的木地板，如果木地板顏色太偏白色調，會很容易走向北歐風。

軟裝部分是配角，用來輔助硬裝的，所以採用放淡、簡化的方式去操作，像是天花板的繁瑣線板可以讓空間顯得不無聊，在用色上也可以讓線板維持白色，底色可採用淺卡其色、淺灰色或米色系列，讓線板在空間上更搶眼。家具部分請撇除自然花紋的布藝或太亮眼的色彩，避免反客為主。

讓軟裝成為最和諧的背景音樂，讓硬裝當主旋律大秀風采。

圖片提供：D&L丹意信實集團

## SECRET 2 大膽玩色，個性搶眼

另一種聰明又多變的玩法，是將整個空間放淡，意思是不多花錢在硬裝修上，即不做過多線板裝飾，但在軟裝物件上大膽呈現，撐起全場。好處是，物件和色調可以依據不同季節或空間使用者的心情更換，尤其適合收藏家展示收藏品味，是另外一種「當代美式風」的表現法，特別適合喜歡變化的居住者。

圖片提供：寬庭K'space

圖片提供：明日家居 MOT CASA

## SECRET 3 局部的衝突設計、對比設計

如果是商業空間，那麼採取對比的策略可以多一點，像是「顏色對比」或者「線條對比」。如果是住宅空間，對比策略記得不要使用過多，否則會造成視覺疲乏，也會產生緊張、亢奮、無法放鬆或焦慮的情緒。新美式風也可以採用黑白對比的設計，黑色給人較有個性的感受，運用在空間時獨特性就會產生，再加上與白牆的對比感，讓空間激盪出與眾不同的趣味性。最主要的角色是地毯，黑底襯出白色花紋線條，能將黑與白的元素合併在一起。

## SECRET 4 有型沙發當家

有型沙發可代表現代美式風，初步嘗試此風格的人，可以選擇百搭款白色或米色皮革，如果想增加個性化請選擇咖啡色或黑色的皮革。若不愛皮革，布類的沙發也可以當作客廳主要物件，建議布類選擇較深色，並挑1、2顆有顏色的單色絨布抱枕當作點綴。如果想更大膽一點，可以選擇不同的布藝線條與地毯做搭配。

## 皮革沙發怎麼挑如何選？

### 1 塗料皮革
紋理較淡、質地較粗、透氣性不佳，表面人工塗飾，單價便宜，需常保養避免龜裂。

### 2 半苯染皮革
表面可見真皮紋理、軟硬適中、透氣性普通，單價中等，市面常見。

### 3 全苯染皮革
全天然、細膩、柔軟與良好透氣性，表面有些許小蟲洞正常，單價較高，不易取得。

建議購買時要向家具商問清楚日後保養細節。

圖片提供：D&L丹意信實集團

# 輕奢風

LUXURY STYLE

圖片提供：D&L丹意信實集團

Q 誰適合輕奢風？

A 喜歡低調質感的人，適合大坪數與挑高2.5米以上

# 輕奢風四大寶！打造恰恰好的貴氣

要談輕奢風，需要有一些歷史前提，雖然這是屬於21世紀才誕生的風格，但其實是有典故與前身的。

17至18世紀的巴洛克及洛可可風格以奢華感著名，全室金碧輝煌的裝飾品與複雜的線條渲染出貴氣的氛圍，這正是當時貴族或皇家的地位象徵，因此「奢華」這一詞總是讓人聯想起貴氣與豪華。

到了20世紀後半，具奢華感的空間受到現代風格的影響，形成了現代奢華風（Modern Luxury）。選用時髦家具與材質，並沿用美式風格的元素使空間呈現宏偉、寬敞和富裕的感覺。一直到二〇一五、二〇一六年，許多時尚品牌推起了輕奢風，二〇一六年米蘭家具展上，歐美設計師將家具當成精品般在空間裡陳設的作法，在市場引起高度話題，於是二〇一七年起，輕奢風便開始漸漸席捲全球。

## 輕奢風，可做為混搭的基底

輕奢風拋棄了華麗貴氣與金碧輝煌，帶出另一種雅仕、氣質、低調而簡潔的韻味，某些擁有藝術天分的人也會發揮創意加入個性化色彩，簡言之，輕奢風是簡化的奢華風，並在全球大受38至48歲人的喜愛。

值得一提的是，現代人的美感越來越挑剔，對某些空間美學好手來說，它更是拿來做混搭的基底，如輕奢工業風、輕奢古典風、輕奢新中式就是如此運用。

只要掌握顏色、材質、硬裝、軟裝四大寶，就能輕易駕馭輕奢風，而不致於無所適從。顏色是你最好的夥伴也是最佳的背景陪襯者，它可以襯托出材質的亮麗與美貌；材質的拿捏配置是很多人的盲點，而用材比例才是最該下功夫的地方；硬裝用材比例，則決定了走向大器的氣場還是雅仕的路線；而這些都與軟裝息息相關，如果不想走鐘變成巴洛克或洛可可風，可真的要好好研究四大寶的黃金比例。

## 親民or個性，你選哪一個？

簡單的奢華感其實不難表現，金屬、鏡面、石材或亮面體都可以體現出奢華和質地，透過其簡潔明亮的外表可閃耀出貴族般的氣質，當然這種氣質也可以經由壁紙、紡織品、燈飾與皮飾等軟裝元素而來。

我們先將輕奢風概化為兩版，一為親民版，二為個性版。這兩款打造出來的空間氛圍非常不同；輕奢風與其他風格最大的不同之處，是它喜好非常明顯、非常好辨識，一般人可否接受一目了然。

| | 親民輕奢風 | 個性輕奢風 |
|---|---|---|
| 前身 | 巴洛克、洛可可 | 古典、美式、現代簡約 |
| 給人的感覺 | 雅仕、內斂、優雅、簡單、輕鬆、舒服、沉靜、親和 | 個性、獨特、低調、性格、搶眼、過目不忘、辨識度高、與眾不同 |
| 適合族群 | 退休人士、高階主管、金融人士、中壯年、三代同堂 | 藝術工作者、創業人士、新婚家庭、白領階層 |
| 挑選建議 | 希望空間是一種心曠神怡，奢華中帶點平靜的味道 | 希望空間提供視覺上的滿足感，既紳士又獨特雅致 |

## 輕奢風為什麼看久會頭暈暈的？

**會出現這種狀況可能有兩個原因：**

一是空間內物件反射或折射的元素太多，導致了視覺疲乏。當眼睛無法得到充分休息會造成眼壓過高，長時間注視下會感覺頭昏腦脹。此時可以拿掉一些反射或折射裝飾品，可改用無反光或消光物件與材質代替。

二是金與銅的裝飾佈署太多，如果想要顯得奢華貴氣，不一定要選擇金色或銅色，且市面上金色有太多色相可選，選的不好反而顯得老氣、俗氣與甚至過時。建議選搭銀色或灰色，銀色感覺年輕有活力，淡灰色顯得優雅，鐵灰色則顯得內斂質感。

請記住，不是有反射就是奢華，也不是有金色就代表貴氣！

圖片提供：D&L丹意信實集團

## STYLE 1 親民輕奢風，好舒適好度日

### ① 顏色——黑、灰、白、銀、金、大地色

親民風的色彩，就是任何年紀、族群、階級的人進到這個空間裡，都會感到舒適高雅，因此，選色絕竅就是一定要選自己眼睛看起來舒服的色系。無色彩色系通常是最適合的選擇，因為最不會挑起情緒反應，而帶有性格喜好的色彩則不宜佔據太多版面。配色上則建議一律以黑、灰、白、銀、金、大地色等中性色為優先考量，適時添加一點輕卡其色與淡雅灰，可讓無色彩的空間多了層次感。必須注意的是，此風格不太適合純白或如玻璃白板的優白色，比較適合米白或灰白。

圖片提供：D&L丹意信實集團

## ② 材質——亮面、霧面、些許布面、金屬、銅

輕奢風最重要的關鍵，是材質比例精準拿捏，因為如果亮面素材過多就會顯得老氣而不是貴氣，霧面材質過多又顯得太過一般；布面材質太多，一不小心就會變北歐風；木皮比例太高，看起來像是日系……所以曉得使用哪些素材後，更要學會拿捏素材呈現比例這才是訣竅。

| 材質 | 空間佔比 | 說明 |
|---|---|---|
| 牆面 | 40% | 白、乳白、淡米色或淺灰白 |
| 地面 | 20% | 適合微反射型的地板，如淺色木地板或盤多磨 |
| 布面 | 20% | 絨布或帶點絲亮的布藝家具、抱枕，地毯是必要的 |
| 金屬 | 10% | 鐵、鍍鉻、金屬等 |
| 反射 | 5% | 清玻璃、灰玻或黑玻 |
| 其他 | 5% | 木皮、水泥 |

## 3 硬裝——
**天花適合平釘或簡單造型；牆面大面積適合刷白、噴漆或烤漆；地板適用木地板或磁磚**

輕奢風走的是精巧路線，低調中又能突顯質感的材料，就屬大理石或進口磚。主牆貼大理石或進口磚，用量切勿太多，太多不但顯老也過於笨重、更讓人眼花撩亂，太少則顯得不夠大器，拿捏好主牆的石材比例可襯托出空間的質感，石材顏色可以與家具做同色配置，看起來高雅也井然有序。在這樣的前提下，牆面以白色漆作為佳，如此一來便可烘托出大理石或進口磚的雅緻紋路。

如果不愛石材，牆面也可以用簡單的線板做進退面，高度可落在85-95cm，大約是成人的腰部高，上段留白即可。輕線板的設計牆可帶出低調雅仕感，但切記線板簡單就好，否則會走向美式或古典風。若喜歡壁面有不同材質，貼壁紙、壁布也是可行，但建議選淡色系列或帶一點點拓墨紋路也會很好看。

天花一樣走簡單路線即可，白色天花會讓空間看起來更高挑。若是室內天花高度已經超過三米，可以在平釘天花板上貼木皮，同樣的，紋路不要太花俏，直紋貼法是最好的選擇，因為直紋會讓視覺往屋內延伸。至於地板，如果喜歡磁磚的俐落，建議選用尺寸較大的100×100、120×120或120×60cm，會更顯空間大器。若是喜歡木地板的溫潤也是可行的，素樸紋路的木地板會瞬間提昇空間的質感。

圖片提供：D&L丹意信實集團

圖片提供：D&L丹意信實集團

## 4 軟裝——皮革或絨布沙發、亮面茶几、大幅畫、簡易抱枕

以沙發來說，看起來質感極佳的皮革或是充滿人文特質的布紋，對於親民輕奢風來說都很適合，只要是以豆腐狀、或是比較沒有明顯造型的款式為主，就能創造出親民輕奢風的愜意感受。延續這種smart casual的調性，沙發上的掛毯是創造氛圍的重要角色，可以擺放跳一點的顏色，如米黃、海軍藍、鵝黃、卡其色都是不錯的選擇，但粉紅、淺藍、淺綠或淺紫色之類偏柔軟的顏色較不適合出現。若是沒有使用掛毯的習慣，一兩顆抱枕套跳色也能創造出相同的效果，讓輕奢風充滿層次。

至於茶几或邊几，表面以玻璃、大理石、鋼琴烤漆為佳。若選擇綠色植物，落地會比檯面或壁掛式來得合宜，更顯穩重的氣息。若是對畫有興趣，一幅大畫可以為空間注入靈魂，因應輕奢風的現代感，畫風上以筆觸瀟灑的抽象畫較適合。

總的來說，親民輕奢風需在家具、擺設品、布藝、地毯、配件上多下點功夫，否則整個空間看起來會太過簡單而失去溫度。同時選擇部分具反射效果的家具，可以讓空間看起來更有亮點。

## STYLE 2 個性輕奢風，理想好生活

### ① 顏色——選一個自己最喜歡的色系，但彩度要低一點

顏色是個性輕奢風的重點！海軍藍、芥末黃、暗紫色、灰玫瑰色都是近年很流行的顏色，不過，選自己最喜歡的當主色準沒錯。空間可用基本色做大面積搭配，至於主牆，跳色處理是一個很好的呈現手法，例如沙發的背牆或電視主牆可以擇一跳色處理。

使用顏色時有一個重點，就是可以根據不同年齡或心境隨時更換面漆顏色，而不是從一而終！在國外，自己油漆、變換居家空間顏色是很常見的。若是覺得有顏色的牆感覺壓迫，可選擇白、米白或淺灰色，再選搭有色彩的家具，只需注意色彩間的和諧，這樣的空間才會是舒服的。

圖片提供：Crate & Barrel

基本顏色

可替換色

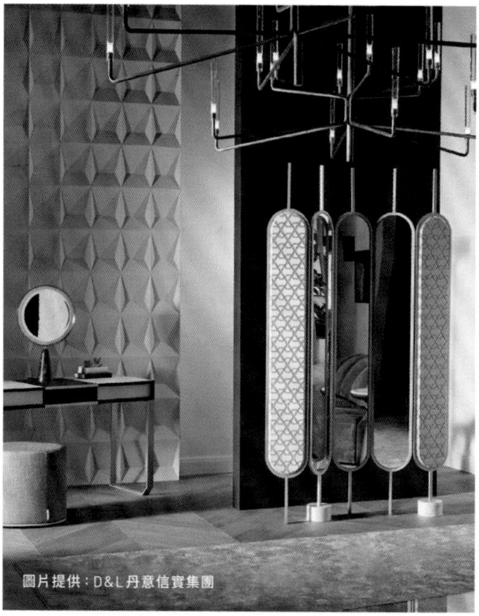

圖片提供：D&L丹意信實集團

## ② 材質——些許亮面、較多霧面、布面、些許金屬與銅

因為顏色才是要角，所以材質選用上，亮面、金屬材質的元素會用的少，霧面、消光或平光的材質反而更勝一籌。明度低的空間，搭配一點帶反射效果的材質可以讓空間畫龍點睛，而消光造型牆面可以讓空間增加趣味性。

| 材質 | 空間佔比 | 說明 |
|---|---|---|
| 牆面 | 20% | 白、乳白、淡米色 |
| 主牆 | 15% | 主牆選用特殊色 |
| 地面 | 15% | 適合微反射型的地板，木地板或盤多磨 |
| 布面 | 15% | 選擇布及擁有紋路的布藝家具，地毯是必要的但請以單色為主 |
| 金屬 | 10% | 鐵、鍍鉻、金屬等 |
| 消光 | 10% | 特殊漆面、霧面碳纖維裝飾板 |
| 材質 1 | 10% | 木皮、水泥、清水模 |
| 材質 2 | 5% | 清玻璃、灰玻或黑玻 |

## 硬裝——
## 3 天花平釘或簡單造型；牆面油漆、噴漆或烤漆，可選顏色；地板的材質以盤多磨或木地板為主

在已確定用色的主牆上，如何創造出更能展現個人色彩的輕奢風呢？一個小技巧，將為你的空間注入一點小優雅。牆面可用簡單線板做進退面，高度落在75-85cm，約是成人腰部更低一點，低腰線板設計可以讓空間呈現不同的氣質與韻味。這裡的壁板裝飾可依照各人喜愛的款式和設計師討論，但建議不要過於繁瑣，才能帶出古典的氣質美，讓整個空間的牆面下段設計有著不同的優雅韻味。

至於天花板設計，因為空間已經很有個性，所以簡單就好。地板的材質則可以選擇用盤多磨或者是木地板。當然盤多磨是首推，一方面非常耐用、易於清潔保養，沒有熱脹冷縮的問題，風格也很素雅很能突顯出個性輕奢風，唯一缺點是價格相對較高；木地板也是不錯的選擇，能夠增加室內的質感。

牆面色彩可以選擇基本色調的中性色系，搭配帶點色彩的主視覺沙發。如果喜歡更個性化些，牆面可以採用跳一點的主色，那麼沙發就要選擇基本色系。

圖片提供：D&L丹意信實集團

## 4 軟裝——布沙發、亮面茶几、綠植栽、2-3幅畫、跳色抱枕

個性輕奢風在挑選沙發表面材質時，布紋的呈現效果比皮革來的好，因為布會比皮革來的年輕活潑些；沙發款式則是偏摩登或偏古典都可，唯獨沙發上的掛毯可以省略，因為空間個性已經很強烈了，軟裝一切追求簡單就好。

軟裝的顏色宜與主牆有和諧的搭配，千萬別選擇對比或強烈衝突的色系，可放一些植栽，讓空間看起來更有溫度些。也可選掛2-3幅中小型畫品，或是充滿造型感的明鏡當作點綴，適時添入一些貴氣。

# 現代風
MODERN STYLE

圖片提供：D&L丹意信實集團

Q 誰適合現代風？

A 走在時尚尖端、喜歡新穎酷炫造型、偏好新鮮材質、對現代線條講究，不愛複雜者

# 抓住關鍵正確分辨！你認為的現代風真的是現代風嗎？

現代與當代對很多人來說是相同的，就算有差別也不會差距太遠；如果你是把這兩個詞當成描述事物或事件時，可能可以是同義詞，但在藝術界與設計圈中，現代與當代可大大不同。正確的觀念是，現代設計指已經過去的時代，當代設計則是關於現在及未來，至於常聽到的極簡風（或簡約風）則是介於兩者之間。如果用生物分類法來比喻，這三種風格他們皆屬於同一個屬性但是不同種類。

**解構主義跟現代風有關係嗎？**

建築裡的解構主義（Deconstructionism）是從一九八〇年代晚期開始的後現代建築思潮。它的特點是把整體破碎化（解構）。在建築學中的解構主義與現代主義的合理性剛好對立。由於許多知名建築師如Zaha Hadid、Naum Gabo和Frank Gehry把解構主義論述落實在建築上且發揮得很好，因此解構主義被獨自歸類為一派風格。但可以說，如果沒有現代風格的出現與啟蒙，也不可能發展出解構主義、當代風或極簡風。

## 當代、極簡、現代風比一比

**現代風** Modern Style

早於20世紀中葉，是現代是極簡主義和當代設計的先驅，指包浩斯主義以來的工業化形式風格，而在當時材質與形式已經發生也定型了，並不會隨時間所改變。

**極簡風** Minimalist Style

20世紀中葉，又稱簡約風，此風格介於現代與當代之間。注重空間實用性，並將各種基本功能都放置在牆面或櫃面，主張開放空間性。

**當代風** Contemporary Style

發生於21世紀，無固定形式，時間就是當代風格變動的主要因素。構成它的元素都是由當時社會流行趨勢所決定。

## STYLE 1 歷久不衰之現代風

要談現代風，就得先認識對人類生活產生巨大影響的工業革命。19世紀工業革命帶給人類生活許多便利外，也在建築材質上產生新變化。當時湧現了許多新材料、新設備、新技術，為近代建築與設計的發展開闢了廣闊的前途。而應用這些新技術的可能性，突破了傳統建築高度與跨度的侷限，最著名的就是如今建築中最常被使用的材質：鋼鐵、混凝土和玻璃等，這些材料往後都被設計師加以發揮，並為空間帶來新的樣貌。因此我們可以說，工業革命帶起一波建築與設計的大改革。

但時間再往前推一點，在現代風流行以前，歌德風與維多利亞風是最受市場喜歡的兩種風格，這兩種風格皆充滿大量裝飾線條和戲劇化元素，而現代風設計就是拒絕這些樣式，選擇了乾淨、直線與整潔的空間。因此，現代設計理念是「形隨機能而生」(Form follows function)，意指裝飾性元素在現代風格裡都是多餘的。當時的現代設計提倡者們認為，在建築、空間上的每個線條與元素都有它存在的理由與機能，一旦你不知道它為何存在，那麼就應該捨棄。而工業革命帶來的新材質、新技術，正提供了現代設計最佳的突破可能。

圖片提供：D&L丹意信實集團

（上）公牛椅 Bull
韋格納設計
（右）巴塞隆納椅 Barcelona Chair
密斯凡德羅設計

## Must Know！現代風關鍵

想擁有現代風空間一點都不難，你只需掌握幾個要點：

- **大空間大採光** 現代風的基本條件，需要寬敞空間、線條簡單的落地窗讓空間擁有大採光。
- **零設計天花板** 天花板不需要做過多設計，想要漆灰色或白色都可以。
- **簡潔燈具** 燈具無需太酷炫，簡單實用就好。
- **設計師款家具** 最重要的是你需要有一組代表20世紀中葉的知名家具，像是密斯．凡．德羅（Mies van der Rohe）、柯比意（Le Corbusier）、伊姆斯夫婦（Charles and Ray Eames）、韋格納（Hans J. Wegner）等知名建築師、設計師的設計作品。意思是，預算要花在知名家具上，空間簡單即可。

## STYLE 2 輕盈過生活之極簡風

極簡風是比現代風更簡約的做法，讓空間的裝飾及元素降到最低，讓生活與藝術更簡單地結合在一起。在現代風火紅過後，極簡主義悄悄地在設計界嶄露頭角，原因是工業革命後許多家具都能被量產出來。由於極簡主義的概念是打造出一個溫暖且細膩的空間，因而極簡主義不以當季火紅材質或裝飾做主秀，而是標榜「永不過時，永遠實用」。

常聽到的「簡約」也是極簡風的重要觀念；減少再減少每一層面的裝飾與元素，以「少即是多，多即是少」(Less is More)的概念生活著，並帶入空間實用性。甚至有人認為「極簡」是一種「禪」式生活，極為簡單，更貼近使用者。除了空間，家具選擇也是如此，例如以生產博物館收藏等級家具出身的義大利知名品牌Alivar就是極簡風格的代表。

圖片提供：D&L丹意信實集團

## Must Know！極簡風關鍵

想要打造一個極簡風空間，你只需要掌握幾個訣竅，空間立刻有模有樣。

● **純白牆面** 空間呈現白牆與白牆之間的對話，意思是，牆面越單調越好，如果覺得白牆無趣，那選擇水泥牆也可以。在極簡風裡，看似無趣的空間到最後越能帶來安靜感，是不是與禪的意境很像！

● **淺色木質** 選擇淺色系木頭，如果找不到淺色系原木，也可以選擇洗白木皮系列或請油漆師傅做木皮洗白處理，這些都可以讓木質顏色看起來更淡雅。

● **淡色家具** 家具配置選擇顏色較淡、較輕的色系，像是白色、米色或灰色，任何配件擺設都以淡色為主。這樣的搭配可以讓空間裡的淺木皮更加突出。

● **內崁式櫃體** 空間裡沒有任何可移動式的收納櫃，所有機能櫃都被隱藏在壁面裡或是牆面上，內崁式機能設計可以使空間看起來更俐落。當你一眼望去空間全無雜物時，就達到極簡的定義了。

如果說全白的天地牆體讓你覺得太冷淡無味了，不妨在室內選用淺色木皮，可以讓空間看起來溫暖一些。

## STYLE 3 好流行好潮流之當代風

在國外有些藝術家認為「當代」不是一種風格，而是一種趨勢；隨著潮流變化，當代風格也不斷變化。例如弧度的造型設計、圓與圓的對話、解構主義等等就是當代風格的延伸。當代風格除了強調線條跟造型形式外，還加入材質與顏色的變化，組合起來非常多采。但當流行趨勢改變時，一切走向就都不同了。你也可以說，喜歡當代風格的人一直走在時代尖端，求新求變就是當代風格的最主要概念。

值得一提的是，流行元素除了與時尚趨勢（如米蘭家具展、紐約時裝周、Pantone流行色等）有關，也會因為環境地區而受到影響，例如日本近年流行清水模、德國的磐多磨、台灣的碳纖維板（Carbon fiber），不同地區的人們對於材質也都有各自的喜好。

圖片提供：IKEA

圖片提供：D&L丹意信實集團

圖片提供：D&L丹意信實集團

## Must Know！當代風關鍵

要教大家當代風的呈現手法，其實是有點尷尬的，因為可能過了5、10年後，現在所提的流行元素早已不在話題上。因此，我還是得重申當代風格的主要概念：以當下流行趨勢為空間主要元素。

對喜歡當代風格的你，我建議多看一些當季時尚雜誌、展覽、走秀等等。是的，我說的是時裝趨勢沒錯，這些設計元素都是互通的。當有一個新材質或顏色被大眾喜愛時，它除了會出現在人們身上，同時也會出現在空間裡，因為那時候它正火紅。

因此要配合這樣多變的當代風，空間一定得非常百搭；中性色（黑、白、灰、卡其）絕對是常勝軍，金、銀元素在近5年很流行（2015-2021），可能還會繼續流行一陣子。另外，空間綠化或環保議題是近年米蘭設計展最常被設計師拿來發揮的設計概念。我大膽推敲，未來新世代可能更重視心靈的感受，例如什麼材質或顏色可以真正讓人放鬆、什麼氣味會感到安定與舒服……，這應該是未來人們所追求的新室內設計美學。

### 微混搭！用比例玩出高明現代風

了解三種風格不同之後，問題來了，你有時候聽到「現代極簡風」，或是「想要比較現代流行一點」……，其實這很可能是兩種風格混搭了。所以先看看這張表格，它可以徹底幫助你釐清到底是喜歡哪種調調？

| | 現代風 | 極簡風 | 當代風 |
|---|---|---|---|
| 概念與主張 | 形隨機能<br>Form follows function | 少即是多<br>Less is More | 注重時尚與形式<br>Focus on fashion and form |
| 顏色 | 白、米、灰、一點黑 | 白、灰，以白為主，有時加入黑 | 黑、白、灰、銀、金、卡其 |
| 材料 | 深木頭、鋼、壓模膠合板和塑料、玻璃 | 淺木頭、石頭、水泥 | 玻璃、黃銅、鐵件、不鏽鋼及鍍鈦板、盤多磨 |
| 感覺 | 開放式空間、充足的自然光線、空間開闊 | 硬裝之間的對話、簡化、簡約、展現空間機能性與細膩度 | 時尚流行且多變，線條強烈、色彩和諧且多元 |

### Must Know！微混搭是關鍵

然而最常見的問題是，為什麼這麼多人喜歡現代風、極簡風、還有當代風？如果選擇這些風格，會不會很容易跟人家撞風格？

沒錯，很多人把這三種風格當成基調，所以不可否認的是這三個風格的確是很受歡迎，但也因為如此，它們不太容易出錯或走樣。如果你同時也非常喜歡另一種風格，其實是可以把兩者混搭。混搭原則請掌握37比：

**現代古典風**：70% 現代風＋30% 古典風
**當代輕奢風**：70% 當代風＋30% 輕奢風
**日系簡約風**：70% 極簡風＋30% 日系風

上述幾款混搭都是不錯的選擇，讓空間散發出不同韻味。你也可以說，現代風、極簡風、當代風其實就像基酒，看起來簡單，卻可以玩出很多火花。

圖片提供：D&L丹意信實集團

# 日系風

JAPANESE STYLE

圖片提供：Ksenia Chernaya@pexels

# 四大關鍵，拆解日系空間美學

日系風備受矚目，在於它融會了天平的兩端：傳統與現代；意指兩種設計體制在日本是雙軌並行的，在追求現代流行趨勢時還能夠持續關注民族傳統設計，這是一個很大的挑戰，也因為如此而顯得迷人。

日系風概念來自日本傳統文化，非貴族的，因此較為親民，加上日本受明治維新洗禮對西方文化了解徹底，因而日本傳統文化和西方現代文化的融合毫無違和感。同時，日系風亦將對自然的喜愛納入空間，形成乾淨、整潔的文化特徵。另一方面，如果從信仰層面來看，日本對佛教禪宗的追崇，形成日本人儉樸、單純、自然的文化，從而在精神上推崇退、隱化、控制、自我修養、中庸與內斂，所以在日系風建築空間裡，往往能令人感受到靜謐又踏實、簡單而謙虛的氛圍。

**日本美學影響下的日系風**

1. 保有日本文化的傳統，也與現代趨勢接軌
2. 重視視覺平衡的美學
3. 融入自然
4. 乾淨整潔，有文化特徵
5. 禪意與靜謐感

## 日系風，抓住簡約中的深度

日系風看似內斂儉樸，實際上卻追求變化出不同的細節與美感，日系風反倒會在硬裝上多做一些文章及變化。

至於空間線條處理，日系風講究極簡的線條感與統一性。在材質上也傾向選用一致性較高的材料。另外，日系風亦喜歡在空間中運用借景設計，這點與中式風格相同，更細膩的是，日系風將戶外或自然的元素引進室內，並進一步用暗喻或隱現的方式延展出視覺的深度感。

Q **誰適合日系風？**

A 小坪數無挑高的住宅，喜歡素樸、實用、安定空間調性的人

## POINT 1 無色彩的選擇

日系風色彩非常簡單，以大地色、灰或白色系為主，強調的是中性且舒適靜謐的感受，這也是日系風大受歡迎的原因。像這樣無色彩色系，心理學上認為最不會挑起他人的情緒反應，為了讓空間木質感突出，灰色成為最佳配角；白色對日本人而言有高貴、崇高、神聖之意；大地色系則象徵著與自然的連結。

圖片提供：Dayvison De Oliveira Silva@pexels

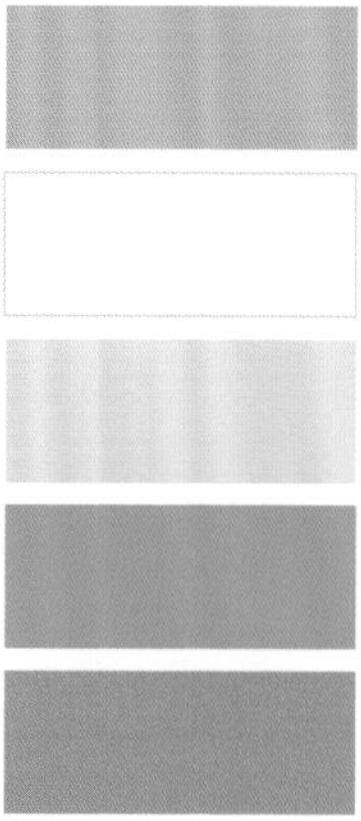

圖片提供：北歐櫥窗

## POINT 2 素樸材質是王道

日系風的材質搭配唯一秘訣就是越簡單越好。在謙虛且不張揚調性下，除了著名的清水模外，纖維水泥板、藤編材質、麻布沙發（亞麻、米色、白色或淺灰色），都是日系風代表，而榻榻米在日系風裡也是很獨有的一種，它可以創造出空間另外一種暖度，也帶來更具氣質風範的禪意。除了榻榻米外還有半透明的樟子門，推拉式木格樟子門的木頭多採用桐木，木格子中間是半透明樟子紙，整扇門薄而輕。在氣候較乾燥的地方，樟子紙亦可用於窗戶，它韌性十足也不易撕破，且具有防水、防潮功能。在室外光的映襯下，煥發出淡雅的透視美。

至於布藝，不論是沙發、抱枕、披毯、掛毯或地毯，日系風的選擇也較為簡單的，採用純色系即可，其中又以米色、淺灰色或灰色最常互相搭配使用。

## POINT 3 自然、手工感家具

日系家具給人的感覺是清新自然且簡潔淡雅，家具常採用木、竹、籐等為材，再加上巧妙運用樹木年輪的自然紋理，呈現出家具的時間感，這樣的手法在日系家具中也很常見。值得一提的是，日系家具和北歐家具有一個共同特點，就是除了設計美感之外，也考慮到人體工學及舒適度，體現工藝品和自然的融合，最大限度地強調其功能性，裝飾和點綴極少，直線造型，線條簡潔，即使偶有裝飾，也在理性節制規則的範圍之內。另一方面，日系家具工細、實用及耐用的特點，許多家具更是採用原木手工製造，因此價格相對也較高。

圖片提供：Maksim Goncharenok@pexels

## POINT 4 留白、低調的硬裝

對於設計手法有條不紊的日系風而言，在硬裝上也有明確的喜好。日系風絕對不會在白牆上做過多的裝飾，因為如此一來將削弱室內的純靜感，所以日系風牆面鍾愛留白處理，或者清水模也是很好的選擇。

至於戶外地板或玄關地面，會使用少許面積做斬石子設計，室內地面地面材質以簡單為主，選擇木地板、板岩磚或盤多磨，以及石英板岩的白色與灰色系列都是不錯的選擇。天花板則僅以白色天花板與木質天花板搭配，簡單即完成了空間上的分隔。

**日系風總整理**

| 軟硬裝修 | 類型 | 規劃重點 | 空間佔比 |
|---|---|---|---|
| 硬裝 | 天花板 | 乾淨、簡單、平釘設計 | 15% |
| | 牆面 | 白、乳白、淡米色 | 25% |
| | 地面 | 木地板或盤多磨 | 20% |
| | 金屬材質 | 鐵件以白色為主 | 2% |
| | 反射材質 | 清玻璃 | 3% |
| | 其他 | 木皮、水泥、清水模 | 20% |
| 軟裝 | 布品<br>家飾 | 布藝家具、麻布沙發，搭配淺色或灰色披毯與沙發同色系的抱枕 | 15% |

# 日系風空間 加分題！

21世紀的日系風與過去大不相同。以往我們看到清水模、榻榻米或是木格樟子門才會連想到日系風，但因為日系風強悍的收納功能，對於生活空間狹小的都市人來說，無疑是簡單而便利的最佳選擇，再加上日系風能讓空間富含日系風情，只要透過輕裝修、再加點簡單的布置，不擅長deco、生活緊湊的人，都在城市中找到愜意而寧靜的感受。

圖片提供：Crate & Barrel

## POINT 1 將日式庭院的綠意感引入室內

請用任何形式將自然元素融入你的室內設計中就對了，因為這是日本文化中最主要的精神支柱。像是客廳對日本人來說是家人最常聚在一起的地方，讓木質生活與綠色植栽環繞在空間內，將讓人完全享受空間帶來的自然感。

即使是一盆簡單的水耕植物，也能在空間中享受一股自然清新的感受。如果講究一點，還可以特別挑選日本傳統植物，例如竹子和盆景。除了家的核心空間客廳之外，廚房、浴室都可運用木質去展現空間的暖度，也更能體現日系風室內與室外相映成趣的特色。

## POINT 2 小尺寸家具，精細的人體工學

除了北歐風家具設計著重人體工學，日系風家具也不遑多讓！日系家具就是專門為坪數較小、挑高不高的環境所生，對於寸土寸金的台灣來說相當適合。誰說寬大的座椅或沙發就等於舒適，可別小看尺寸不大的日系家具，他們可都是經過人體工學精準設計的。因而日系風家具不是將精力花在家具的裝飾上，而是用在計較「人體」的尺碼，無論是造型的角度、與使用者接觸的面材皆是考慮的範圍，完全可以感覺到家具設計者的用心。

圖片提供：北歐櫥窗

圖片提供：IKEA

## POINT 3 用木紋營造視覺效果

不要以為材料少、空間就會顯得單調。在充滿細節的日系風裡，他們大玩木紋；當你直紋拼貼時，會讓空間顯得高挑，若是橫紋拼貼，空間就會有延伸放大之感。因此，善用木紋、在空間裡用不同的木紋呈現方式，讓你的日系風更為到位。日系風在配色以簡單的純色搭配為主，可以讓任何木質品看起來更有質感。有趣的是，在物件家具選配上，有時反而可從北歐品牌中找到日系性格十足的單品，價格可能更親民，也多了一些選擇。

圖片提供：IKEA

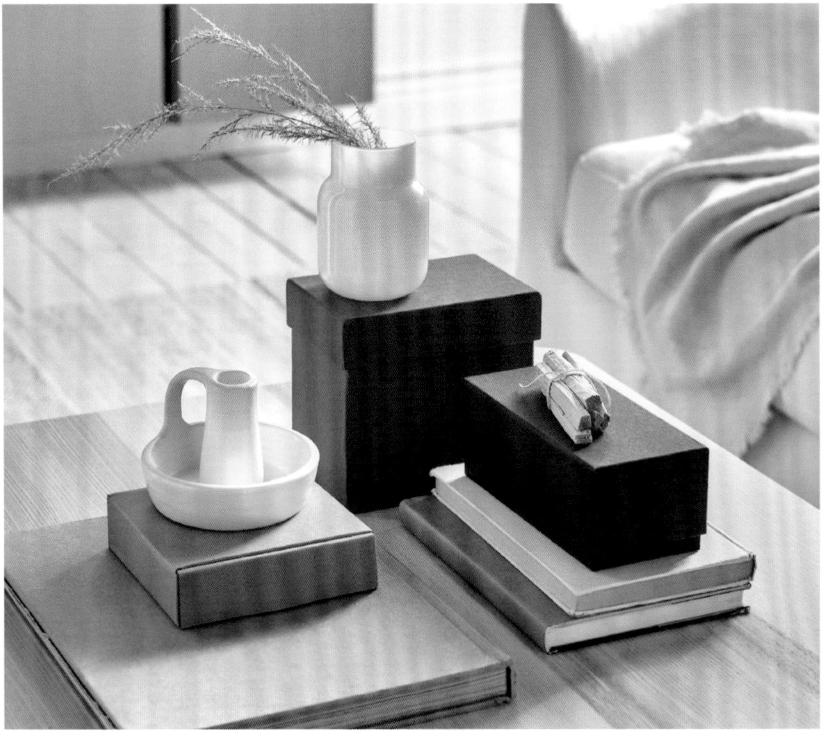

## POINT 4 減法擺設

刻板印象認為日系家具一定要搭配滿室日本裝飾品與榻榻米才對，但其實減法設計才是日系風最高端的裝飾手法，連小手冊、筆記本或木盒都盡量捨去印花或圖案，採用著重環保的牛皮紙或者再生紙，這是日系風去除裝飾的最高境界。

日系風擺設技巧看似簡單，但其實越簡單的越難，日系風崇尚極簡過生活的態度，擁有得更少、卻擁有得更好，如此一來才能將空間裡的禪意最大化釋放出來，而居住者的內心也從而得到片刻平靜。但這不代表日系風什麼都不擺，他們只擺需要的，因此看似簡單的留白，實則富有內涵及帶出日系的內斂感。

# 3

# 八大明星級軟裝，擺對了家就升級了！

SELECT
3

圖片提供：Taryn Elliott@Pexels

# 風格選物

## 3招搞定難搞的自己！

你想要什麼風格？通常這樣問會讓很多人停頓一下，然後開始說，北歐、日系、MUJI……，但我的家具又有點像中式……。等等！會不會你說的那個風格跟我認為的那個風格可能不一樣？又或者你去店家跟他們說你要一個原木桌時，你心想是淺木看起來摩登一點但為什麼看起來就是怪呢？另外一種情況是，去逛街時看到這個也好、那個好像也搭，有這麼多選擇不只很難下決定，更難想像真正放進空間後它看起來會是什麼模樣。

由於風格多元，而且不同國家對於同一種風格都有一些不同詮釋，容易搞混風格的人也不少，既然如此，不如先不要鎖死自己適合或喜歡哪種風格，先放鬆心情，透過以下三招好好了解自己內心真正想要，弄清楚自己的喜好。

## 第一招 給你超神準風格實驗室，自我測試！

情緒、年紀、經驗、朋友、背景、環境等都會影響你喜歡的東西；你今天起床可能喜歡藍色，明天起床你可能又比較喜歡蘋果綠了，你永遠不曉得人類的喜好有多難以捉摸！但通過幾個小測試，讓你越來越了解每天不同的自己，也懂得用色、用材質取悅自己。

來吧！超神準三步驟！一測就知道你的風格偏好囉！

**QUIZ 1 請憑第一眼選出一組讓你感覺最舒服的顏色。**

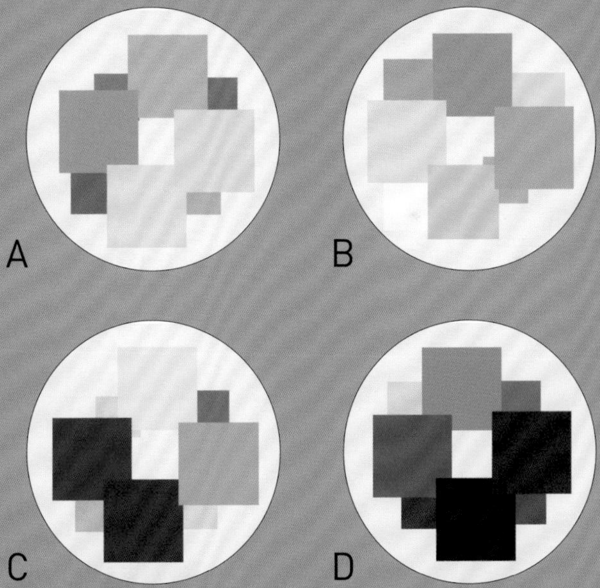


A **配色走重、暖色系，日系風空間會讓你感到舒服。**

B **配色走輕、跳色系，北歐風空間會讓你感到舒服。**

C **配色走獨特路線，輕奢風空間會讓你感到舒服。**

D **配色走個性、深色系，工業風空間會讓你感到舒服。**

## QUIZ 2　請憑第一眼選出你喜歡的形狀。

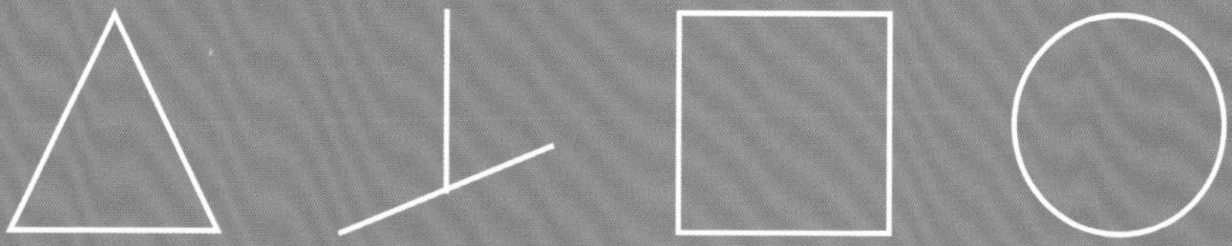

A　B　C　D

A　代表火元素。
你喜歡前衛、新鮮、大膽也更樂於嚐鮮，喜歡多樣性的物品或擺設，任何有創意的東西都能令你心動。

B　代表水元素。
你喜歡俐落的感覺，極度追求形式上的美感，重視線性的結構或弧度，鐵、金屬類擺飾品很能吸引你。

C　代表土元素。
你喜歡自然元素，如木頭、植栽、陶質收藏品等，天然材質類物品或家具最能讓你開心。

D　代表金元素。
你喜歡協調感，不論是在整體比例、用色、造型上，只要你認為可以展現協調之美一定會心動不已。

## QUIZ 3　請憑第一眼選出你喜歡的詞彙。

| A | B | C | D |
|---|---|---|---|
| 清爽的<br>年輕的<br>白淨的<br>自然的 | 亮眼的<br>對比的<br>個性的<br>獨特的 | 閃亮的<br>質感的<br>低調的<br>純白的 | 養生的<br>安心的<br>自在的<br>悠然的 |

A　適合現代簡約和北歐風，
或這兩款混搭。

B　適合當代風與工業風，
或這兩款混搭。

C　適合輕奢風與新美式，
或這兩款混搭。

D　適合日系風或
最近流行的Muji風。

## 第二招 吸收並注意自己的喜好

除了第一招的個性測驗外，平常看到東西可以多多問自己的感受，你會發現，我們其實很少注意到自己的喜好。大多數人只知道自己不要什麼、卻不知道自己要什麼。請把以下的做法當成自我風格練習場，久而久之，你的喜好就會越來越鮮明，空間也會隨之越來越有自己的風格了喔！

### POINT 1 自問自答，時時留意自己的喜好

**想要理解自己的品味喜好，就得時時關注自己，才知道自己現在的品味喜好在哪，創造空間風格時才不會像無頭蒼蠅一樣亂飛。以下幾個條列式問題，提供你時時自我溝通的方向：**

Q 我喜歡這個嗎？

Q 我喜歡牛皮嗎？

Q 我不喜歡這個嗎？

Q 這東西給我的感覺是什麼？

Q 擺放在我家裡適合嗎？

Q 我喜歡大理石嗎？

Q 我會喜歡暖色調系的空間嗎？

Q 我會喜歡暖色調系的空間嗎？

Q 長時間待在冷酷調性的空間我OK嗎？

Q 要如何讓空間和物件們更適合待在一起？

**諸如此類的問題，通常直覺回答都會是準確的，盡量問自己是非題，久而久之就能知道自己的真正喜好了。**

### POINT 2 多看、注意吸眼球的物件、標註收集

在選件或選物上有了技巧後，接下來就是品味問題了！通常成與敗就在這裡！有些人買東買西，但擺完後跟自己想像不太一樣：怎麼我照做了，還是差強人意？為了讓你的失望值不再升高，也更能在空間上「心想事成」，品味的訓練是很重要的。但羅馬不是一天造成，長期訓練是一個關鍵。好消息是，你的生活習慣自然而然就可以訓練你的品味。

提高個人品味的唯一準則就是「多看」，但「看」可是一門大學問。這個「看」，可不是瞄一眼的看，也不是無神的看，也不是用力的看，也不是專注的看，更不是考試的看……，我所謂的看，是留意的看。你可以翻閱各種雜誌時，瀏覽一些國外網站，汽車、美食、美容、網購、流行、攝影、時尚、設計……無論什麼都好。

請注意自己在觀看每一張圖時產生的反應；哪些圖哪些配色能讓你目光停留？停留的原因只有三個——它特別、你喜歡、你討厭。把個人喜好分清楚後，腦子裡自然會有一個資料庫，你會開始重新洗牌，一而再再而三透過更多圖片深入了解自己。

看完後，最後一個步驟是要吸收，你可以用任何方式將你喜歡的物件、感覺、物品、家具、布藝、花品、畫品、圖片、顏色、形狀……，各式各樣的東西標註起來，無論用什麼方式都行，你可以剪貼、列印、截圖、貼紙、收集等都好，吸收了一些好東西，通過日積月累，你的品味一定會被訓練成能夠嚴選出好東西。

## 第三招　不厭其煩就是要比一比

小時候我們都不太喜歡被長輩拿去跟鄰居做比較，但我們現在要說的比較其實是「比校」——比對與校正。

這招我們需要用到設計原理「對比學」——強者更強，弱者更弱。而意思是，讓自己永遠只有兩個選擇，永遠只拿兩個東西來比一比。

假設眼前有5張不同的空間照片都很喜歡，如果5張一起比你肯定無法決定，所以你可以先拿2張出來比，勝的那張再和下一張比，如此一來，你就能分出自己最喜歡的是哪一張照片了。

另一種比一比的方式是，你可以用手機將喜歡的飾品或家具先拍下來，回家後把手機拿出來，比一比放在家中的感覺，就可以知道你添購的東西適不適合了。對了！尺寸也記得要考量進去喔！

圖片提供：Karolina Grabowska @Pexels

圖片提供：Crate & Barrel

# 地毯

## 將空間情緒框起來的神器

# CARPET

在風格師眼中，布藝飾品是最能柔化居家拘束感的物件；而客廳不但是接待親友的對外領域，同時也是家人聯繫感情的重要場域。一張地毯將為整個空間帶來溫馨的情調！但為何別人家地毯擺起來就風情萬種，我們家擺起來就一點fu也沒有？

# 選地毯四法則：尺寸、材質，就是要跟著家具走

事實上，作為客廳裡畫龍點睛的神奇魔法師，地毯不僅增添了空間的層次感與豐富性，更因其與沙發、茶几並存於空間裡，所以一旦挑錯尺寸、放錯位置，可能就全盤皆輸！此外，既然地毯的中心是桌子，那麼挑選地毯時可別忘了桌子的顏色與材質。幾個大要點與法則請銘記在心：

## POINT 1 要能覆蓋所有家具的前腳

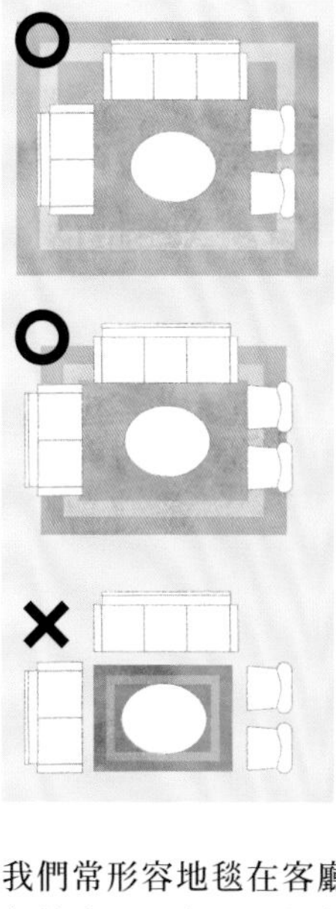

圖片提供：Crate & Barrel

我們常形容地毯在客廳是扮演居中者的角色，它的存在連結每座沙發或單椅，讓每件家具因它而更緊密，這也象徵著家人情感的連結。無論家中的沙發是3-2-1或其他配置，地毯大小以能覆蓋所有家具最佳，否則至少也要能夠覆蓋住所有家具的前腳，如此一來才能grouping客廳所有家具形成完整感，若是地毯尺寸太小，反倒沒有統合感、顯得凌亂。

## POINT 2 圓配圓、方配方，跟著桌子走

新手擺放地毯時，選擇與桌面造型一樣的地毯最安全，從視覺舒適度和協調性來說絕對是滿分做法。因此，不管是客廳或是餐廳，圓形的桌子搭請配圓形地毯、方形的桌子請搭配方形地毯，這樣在線條上才有一致性。

圖片提供：D&L丹意信實集團

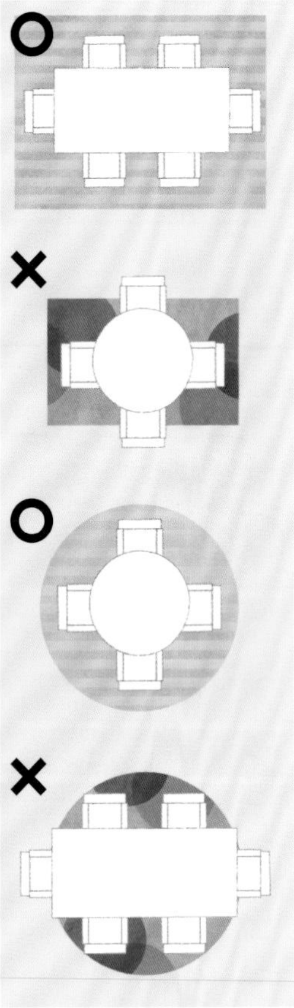

圖片提供：寬庭K'space

## POINT 3 地毯明度要比桌子和家具低

圖片提供：寬庭K'space

理論上配置地毯的用意是讓空間和家具加分，明度低的地毯可以成為畫面裡很好的配角，能襯托出上方物件或家具的美。不僅比較不容易搶戲、和諧度高，同時髒了也看不太出來。但如果你是個肯花心力在地毯上的人，就可以挑選明度高、質量好、造價較為昂貴的地毯，這時就請把風格和諧這回事擺一邊，讓地毯跳出來說話！

圖片提供：Crate & Barrel

## POINT 4 材質要與家具協調

挑選家具／桌面和地毯上的相似材質或顏色來個上下呼應，是絕對不出錯的秘訣。每種材質都有自己的個性，所以地毯材質和桌面／家具得協調，空間的一致性才會出現，也會更有層次感，要不然空間裡每個角色都在各說各話，協奏曲都變成亂彈了！

## POINT 5 看腳選定風格

除了整體，選購地毯時記得彎下腰看一下家具們的腳腳，只要看到家具的腳，就可以確定下面這張地毯的風格了。畢竟，桌腳、床腳、椅腳、櫃腳是地毯的親密愛人啊！它們是孟不離焦焦不離孟的。如果沒有好好配合的話，很容易造成衝突感，空間就很難好。

- **鐵類** 摸起來冰冷，可以搭配現代、工業風的地毯
- **木色** 適合自然系、北歐風
- **原木** 與日系風或是峇里島風格是絕配
- **鍍鉻金屬** 適合走輕奢風或是後現代風格

圖片提供：Crate & Barrel

圖片提供：D&L丹意信實集團

ABOUT CARPET

## 地毯材質vs.搭配建議

不同材質的地毯，除了與家具需要默契的搭配，同時也須考量到季節的適用性以及不同空間的屬性，有的地毯較為耐磨，時尚感十足，擺放在客廳會是最好的選擇，而擺放在廚房的地毯，則需考量到是否便於清潔。

（各種地毯都有適合的清潔保養方式，請記得詢問購買的店家。）

1—**適合搭配材質**／2—**適合季節**／3—**適用空間**

### 人造纖維紗線

圖片提供：Crate & Barrel

1. 鋁面、鍍鈦、鐵件、鏡面
2. 春、夏、秋
3. 較耐用、易於清潔，客廳、餐廳與臥室都適宜

### 混紡

圖片提供：D&L丹意信實集團

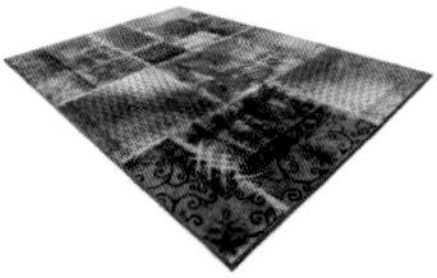

1. 若合成纖維混紡含量較多，則適合搭配塑膠或鐵件
2. 秋、冬
3. 較耐用、易於清潔，客廳、餐廳與臥室都適宜

### 羊毛

圖片提供：Crate & Barrel

1. 黑色細鐵、木質製品
2. 冬
3. 耐磨度一般，適合放在臥室

### 人造絲

圖片提供：Crate & Barrel

1. 深色或重色木質家具、不鏽鋼腳、玻璃
2. 春、秋
3. 耐磨度一般，適合放在臥室

### 牛皮

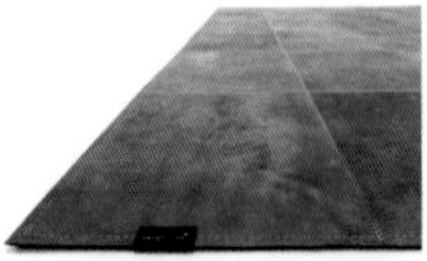

圖片提供：D&L丹意信實集團

1. 原木家具、鑄鐵、鏽鐵、重色系
2. 秋、冬
3. 耐磨度一般，適合放在臥室

### 麻質

圖片提供：D&L丹意信實集團

1. 原木家具、短毛絨布面、石材（天然）
2. 夏
3. 耐磨度高，顏色較中性，適合放在客廳

## 破除地毯 2 個迷思與困擾

### 讓地毯幫你加分，卻不會無事惹塵埃！

**Q1 怕麻煩，想要一款地毯用到底**

A1 人會依照天氣變化來穿搭衣服，夏天穿短袖、冬天穿長袖；為何不依照氣候來布置家裡？台灣春天因為是梅雨季，建議使用短毛、皮革、布紋系列的地毯；夏天可以使用竹編或麻編的材質地毯。秋天日夜溫差大，可使用混紡地毯或真絲地毯；到了冬天，擺上一塊羊毛地毯或者長毛地毯，能夠避免腳底直接接觸冰冷地面，也是為健康著想喔！而且依照季節更換，可以定期更換或清潔保養，自然就和塵蟎、過敏說再見。

**Q2 清理地毯好像不容易，究竟要如何處理？**

A2 首先要注意，地毯中可能會有灰塵、泥土、油汙等，千萬不要求快而想把地毯直接丟入洗衣機，小心機器跟地毯一起報銷，得不償失啊！

正確清潔地毯方式，需要先除塵，再針對地毯上的髒汙使用不同的清潔劑或藥劑。去汙後，需要雙面清洗，最後再來個紫外線消毒，但需留意地毯材質是否可以高溫烘乾。最快的方式，可以參考地毯側標，上面會標註材質與清潔方式，避開側標上的危險事項後，就可以開始自己的保養之旅。

**●自主保養重點**

1 **定期除塵**　依照台灣空氣品質建議三天一次，最少兩周一次。請拿到陽台或廁所，將塵土或髒物拍、抖下來。使用吸塵器要特別注意，有些進口地毯不適合吸力太強的，小心連毛一起吸掉喔。

2 **保持空間乾燥**　使用除濕機是很好的方法。如果空氣清新時可以開窗戶保持通風，如果住在都市我想就算了，外面空氣飄進室內累積灰塵又更麻煩。

3 **注意長時間壓痕**　我們很常把家具擺放在地毯上，但請記得，偶爾也可以動動手幫地毯壓痕梳一梳，它會很開心的。不要用刷子刷喔，畢竟地毯也是很脆弱的。

4 **有髒立刻擦**　若不小心打翻飲料，請用乾布輕拍立即吸乾表面，再用溼布清潔。一般水汙用清水處理即可。拍打式清潔法可以預防髒汙面積持續擴大。

5 **友好習慣**　如果不是玄關落塵區的地毯，請勿穿鞋用力踐踏，畢竟戶外髒汙真的比較難清潔。

但如果你還是無法搞定，現在市面上有很多地毯清潔公司，可以到府收件，價格也算合理。我個人非常推薦交給專業，不要為了省錢把自己搞得勞心勞力就算了還越清越糟糕。

# DRAWING

# 掛畫與照片

## 視覺決勝點

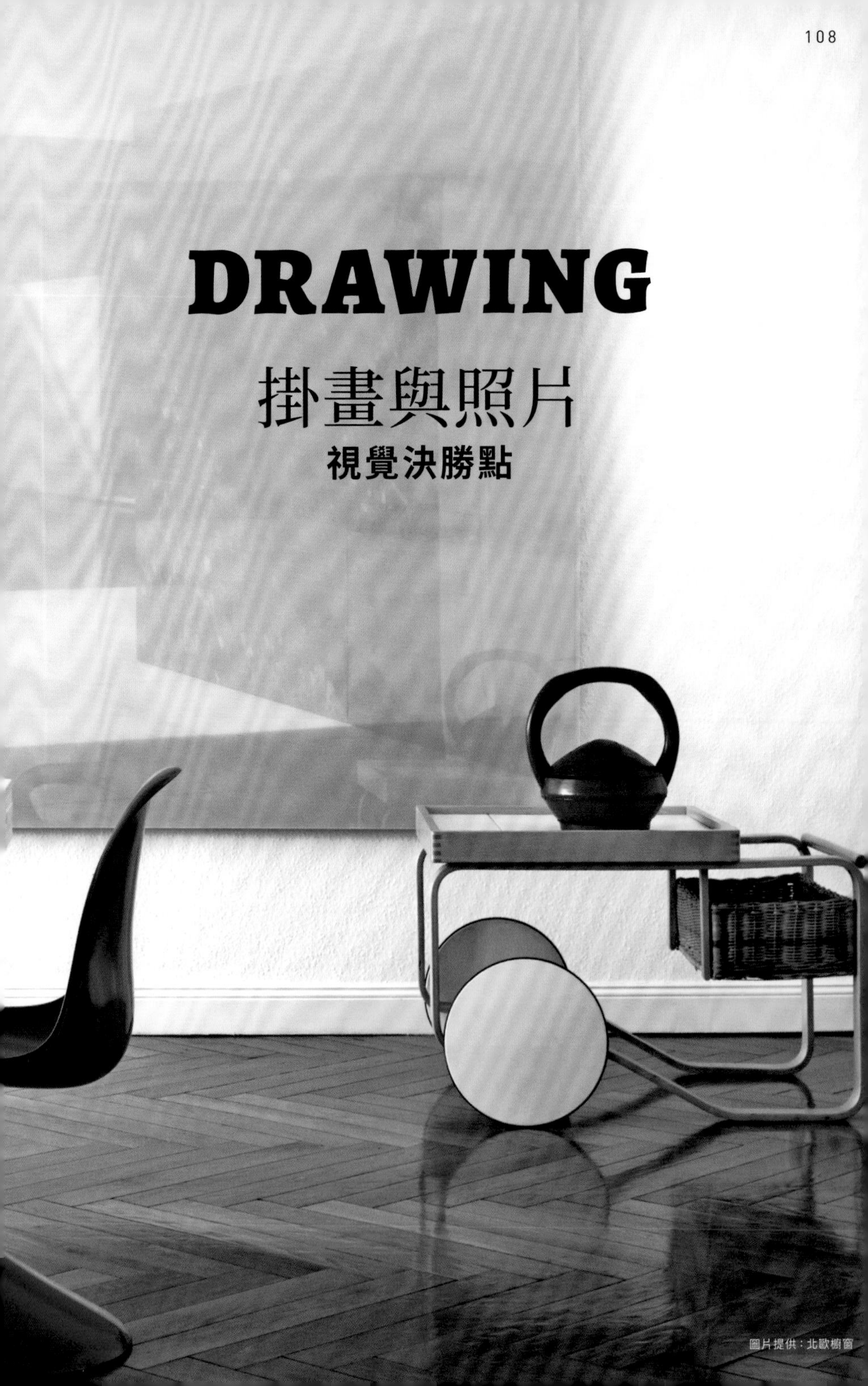

圖片提供：北歐櫥窗

若是想改變整個空間的韻味，從牆面出發，運用畫作與照片可能是大多數人的選擇，但如何擺出理想的韻味感及協調性可不是件容易的事！擺得好，空間就豐富生動；擺不好，空間就眼花撩亂，再加上人置身空間時第一眼就是看到照片與畫，倘若第一眼沒感覺，後面怎麼繼續看下去？所以我們說照片與畫會牽動一切！是不是像極了愛情！

## 回憶就是最好的風格

如果地毯是空間的魔法師，照片與畫則是空間的點金石，它們存在的目的是為了將屬於你的空間個性化，更進一步賦予空間生命的味道。它不像燈飾有存在的必要性，但有了它，空間的層次感及厚度就更耐人尋味了。

畫用以展示主人的收藏品味，畫風本身也充分表現出藝術家當下的感受及風格；照片則是主人的生活記錄，因此照片與畫是最能為空間加分的裝飾藝術之一，同時也能豐富空間趣味性及色彩。我們不是常說每個空間都有自己情緒嗎？為牆壁變換裝飾，肯定可以立馬改變空間的心情。（以下畫與照片同論，僅以畫為說明）

**擺畫前的HOMEWORK**

### 確認畫的位置 vs. 尺寸丈量

Q **畫有千萬種，到底哪種適合我？**

A 多數人一想到擺畫就開始考慮風格、考慮色系、考慮視覺，這也沒錯，但是發展太快了！還有一些人會問：「我的空間適合掛幾幅畫？適合什麼擺法？適合怎麼調整？」莫急莫驚慌！如果你不夠了解你的空間，你怎麼出手找到適合你的物件？因此，先將主牆體與周邊物件測量清楚，才能充分掌握與判斷，所以請先跟我這樣做！

STEP 1 **想要布置哪面牆？請決定！**

STEP 2 **拿出捲尺，站在想布置的那面牆前，把牆上下左右通通掃描一遍，記錄下來。**

例如：牆寬 _____ 公分、高 _____ 公分

**這面牆前面有什麼？**

例如：沙發高 _____ 公分、餐椅高 _____ 公分、床頭高度 _____ 公分……其他相關家具請舉一反三。

# 擺畫四關鍵：擺在哪、擺什麼、怎麼擺、一框定生死

**在美術館，掛畫是門專業，有專人專職處理；雖然是門大學問，但只要跟著以下四個關鍵思考，你也能為空間掛出好氣色！**

## 01 擺在哪？空間比例很重要

就如同服裝穿搭，選擇什麼樣的品牌、風格、顏色其實取決於個人喜好，然而搭的好看重點在於比例，突顯不出身材的優點不要緊，掩飾不了身材缺點就糟了！

擺畫也是同樣的道理，如果畫組的寬度不對，不是越擺越亂彰顯不出畫的價值，就是越擺越空讓空間變得如美術館般冰冷；掛畫的高度也是重點，如果掛太低看起來會覺得礙眼，掛太高又會讓人覺得有壓

### POINT 1 前方沒有家具的牆面

**寬度規畫**

畫組的理想寬度＝牆的寬度 ×0.57

根據英國裝飾家具網站made.com.出版的〈室內裝飾畫品吊飾指南〉研究結果得出，空間與畫最完美的比例是牆壁寬度 ×0.57，依照這個公式布置就能找到畫組的理想寬度。

迫感。掛畫的範圍和空間比例息息相關，因而擺在哪裡最決定性的關鍵就是——框出能夠陳列的範圍！把範圍找出來，然後根據畫框的長與寬，如此一來就能推算出究竟要掛多少畫了！

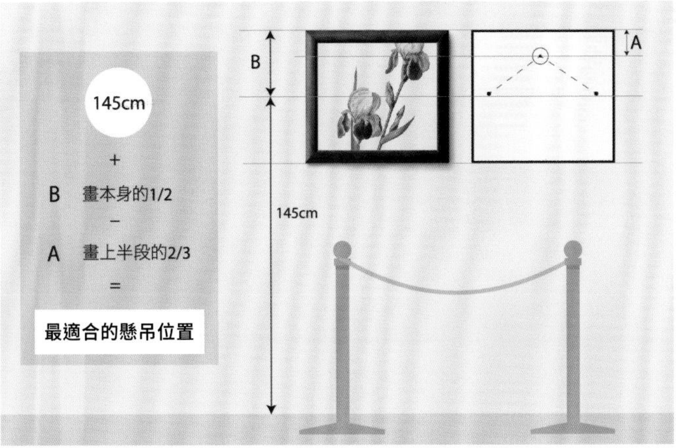


**高度規畫**

畫組的理想高度＝145cm＋(畫的高度／2)

畫的中間點離地145公分，若畫高45公分除以2，等於22.5公分。145+22.5=167.5(即為畫的上緣)；145-22.5=122.5(即為畫框下緣)

## POINT 2 前方有家具的牆面

想要掛畫的牆前，不管有沙發、餐桌椅或是櫃子，這時能掛畫的寬度就要以家具為主，以不超過家具寬度的2/3為限。掛畫高度距離沙發15-20公分，如果牆面屬於挑高牆，就得再多個7-10公分。

例如下圖沙發長230公分（含扶手），230公分的2/3為153.3公分，如此即可得出完美比例。

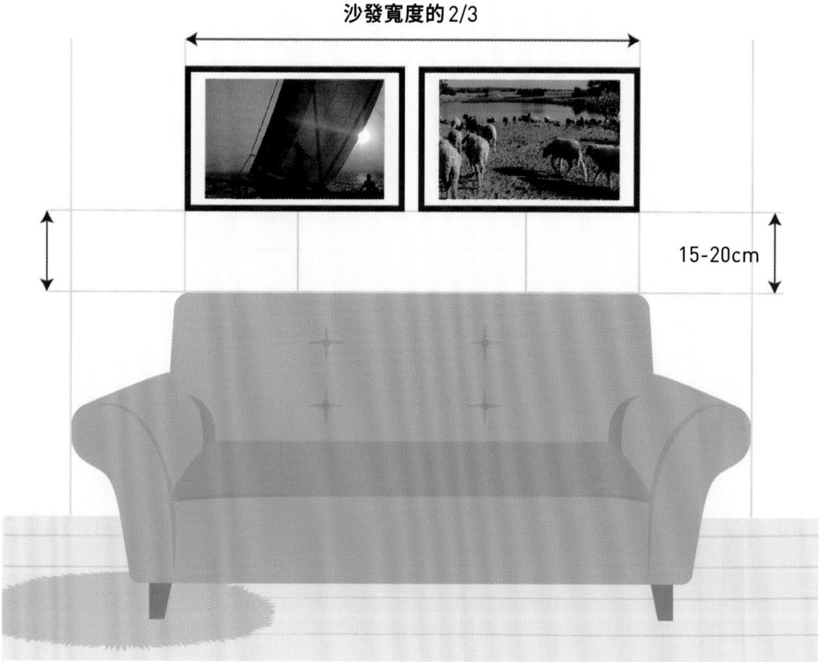

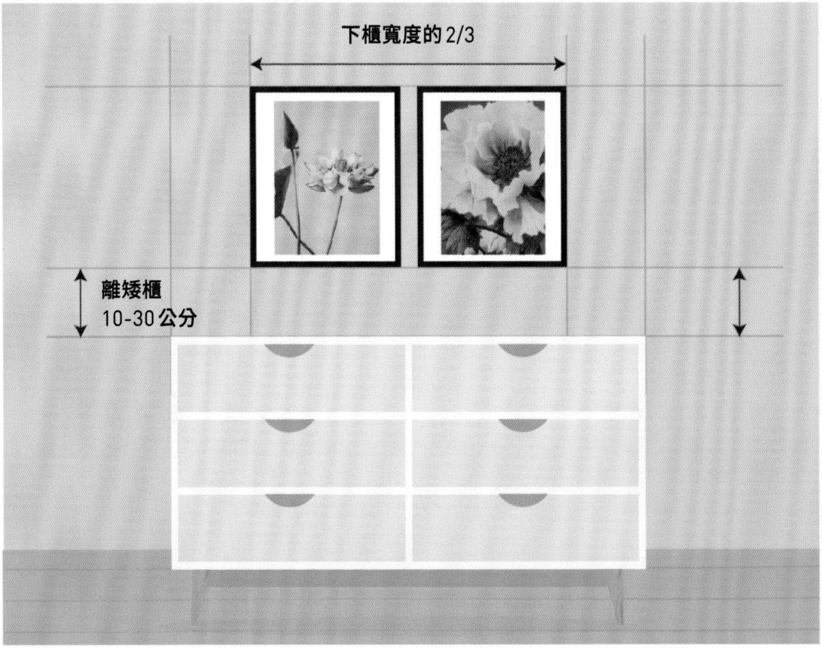
下櫃寬度的2/3
離矮櫃
10-30公分

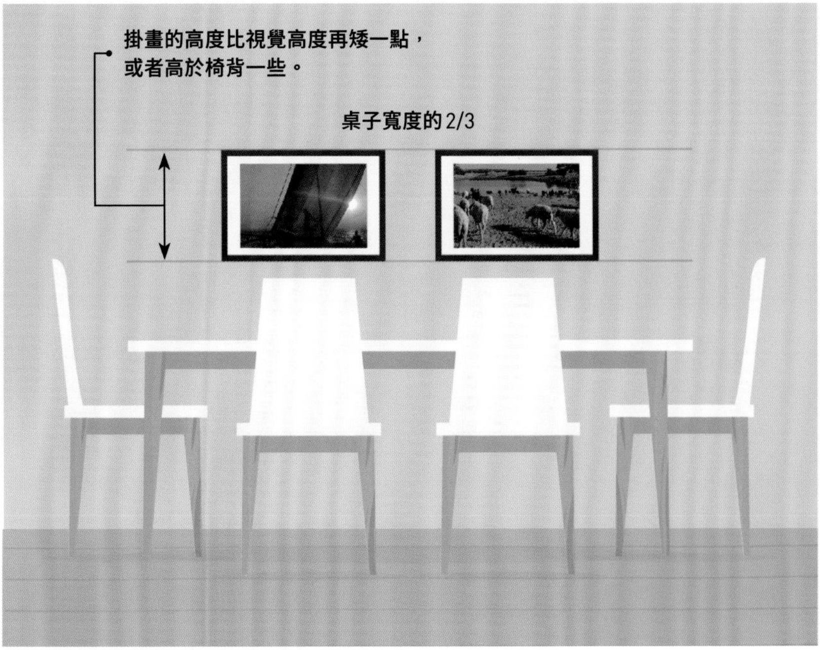
掛畫的高度比視覺高度再矮一點，
或者高於椅背一些。
桌子寬度的2/3

圖片提供：D&L丹意信實集團

## 02 擺什麼？顏色與風格優先思考

當你決定為哪面牆增添姿色時，就要考慮擺什麼了！這時你必須思考畫的顏色與風格，只是思考、尋找，但千萬別輕易下手買單，因為後面還有兩大步驟尚未考慮啊！

**擺畫的煩惱**

### 長輩送的畫，如何擺得有品味？

**Q 我的畫是家傳、長輩餽贈的，畫風和空間本身就蠻跳tone，我該怎麼辦？**

A 既然如此特別，那就讓它一枝獨秀吧！找一個顯擺的位置，把周圍色調和風格都弱化，並告訴設計師，未來你將在此處放一幅畫，請設計師幫你配軌道與投射燈，讓它成為這個空間的主角。

若是想要玩點創意升級版，也不成問題。原則是主要風格占70－80%，次要風格占20－30%。例如空間是現代風，畫體是古典風，那就來個混血寶寶——現代古典風。你可以設定自己喜愛的風格為主要風格，再選一些配件或材質成為次要風格。

## POINT 1 注意顏色，同色系不踩雷

空間裡，不管是先有畫還是先有家具，最保險的做法就是使用同色系去搭配，既不會讓空間出錯，也不必多花心思擔憂配起來不好看。

## POINT 2 選對作品，畫作跟著空間風格走

選作品的訣竅，就是跟著空間的風格走。
以下是各種風格適合的畫作，快看看你的空間風格屬於哪一種，可以如何進行搭配。

| 空間風格 | 年代 | 顏色 | 適合畫作的感覺／特色 |
|---|---|---|---|
| 北歐風 | 20-21 世紀 | 淡色系列、輕色系列、白、灰 | 線條俐落、清爽、舒服、簡約感、自然元素、幾何圖形 |
| 現代風 | 20 世紀 | 黑、白、飽和色、銀、玫瑰金、鍍鈦 | 時尚、現代、簡單、俐落便捷、大器、不繁瑣 |
| 工業風 | 19 世紀 | 黑、白、灰、米、銅色 | 冷、酷、個性化、獨特性、簡約感、帥氣、直率、粗獷 |
| 新古典風 | 18-19 世紀 | 白、米黃、金、銅 | 偏現代、配色細膩、略繁瑣、氣質、優美、偏輕快 |
| 巴洛克 | 17-18 世紀 | 古銅金、金箔金、大理石白 | 奢華、高貴、地位崇高、繁瑣、細膩、複雜 |
| 古典風 | 14-17 世紀 | 白、黑、米黃 | 細膩、優雅、貴氣、藝文氣息 |

## 03 怎麼擺？五大陳列法則告訴你

好了，範圍找出來了、喜歡的畫也考慮得八九不離十了，接下來就要考慮怎麼擺？以下五種方法，請依據你的空間特性還有畫的大小去選擇，就能找到適合的陳列。

圖片提供：D&L丹意信實集團

### POINT 1 線性法

把畫組掛在一條線上——水平或垂直。這種風格強調節奏和平衡。

- **優點** 線性法配置特別適用於尺寸相同、框架顏色一樣的畫組，顯得工整不淩亂。
- **牆面需求** 適合大空間，線性法能讓空間產生水平的線條，創造出穩定感。
- **限制** 牆壁的寬度、高度以及掛的畫數量會有所限制，看起來也較為規矩。
- **建議** 不建議選用粗框會顯得呆板無趣，感覺被侷限，畫也顯得小家子氣。建議採無裱框或細框方式呈現，可以讓畫面看起來比較俐落時尚。

## PLUS！線性法進階版

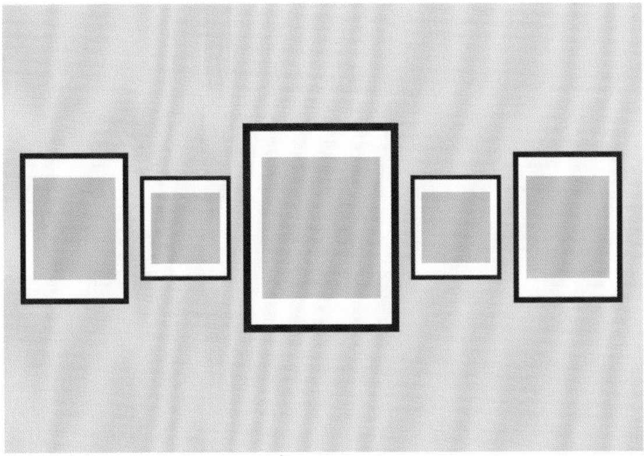

線性法還有一種變化型可以增添空間情調！依舊是採用線性陳列，但可以選擇二至三種尺寸的畫，如此一來就能讓空間充滿韻律感。

圖片提供：寬庭美學

## POINT 2 格式法

格式法，就是懸掛在精確的行和列中，強調順序和對稱性。

- **優點** 與線性法類似，格式法配置也適用於相同尺寸和相同框架的畫。特別適用於一系列的畫。
- **牆面需求** 靈活度高，無論是牆壁面積很小或很大都適用。
- **限制** ①與線性法一樣，畫的尺寸也是一種限制。此外，還需要有足夠的空間留白，讓畫與畫之間有呼吸感。

  ②因為所有框架必須完全垂直和水平對齊，畫的背後吊線可能不一致，需要逐一調整，懸掛難度高。
- **建議** 使用格式法最好有挑高天花板或大面牆面，否則用起來容易讓空間形成又矮又胖，失去「失數大便是美」的美感。

圖片提供：Medhat Ayad@Pexels

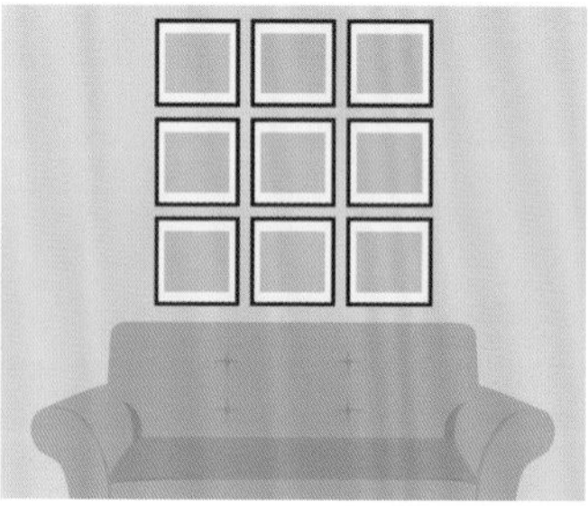

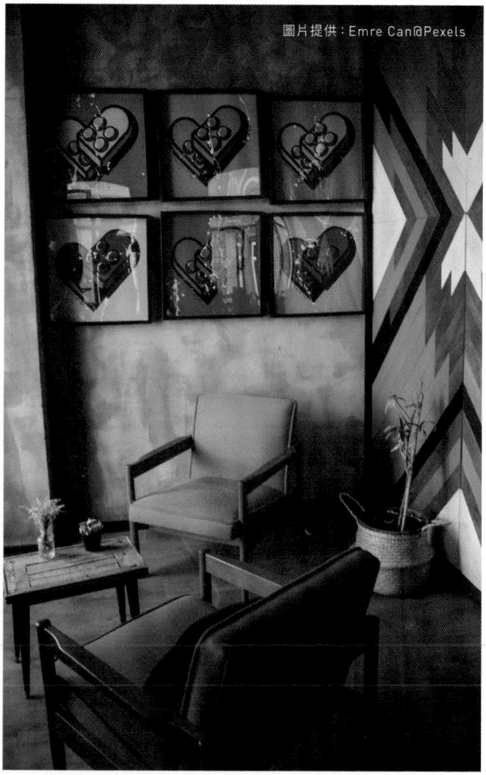

圖片提供：Emre Can@Pexels

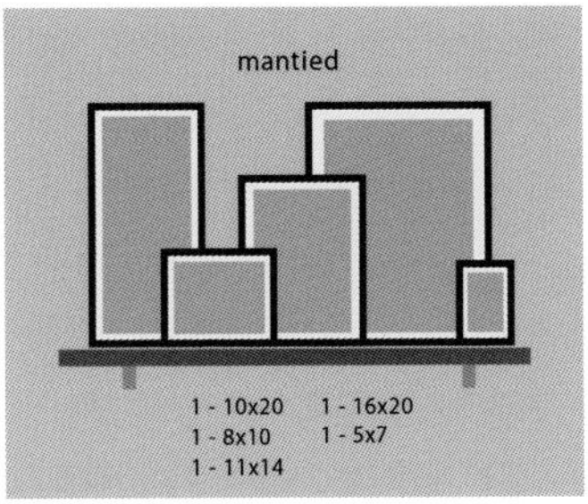


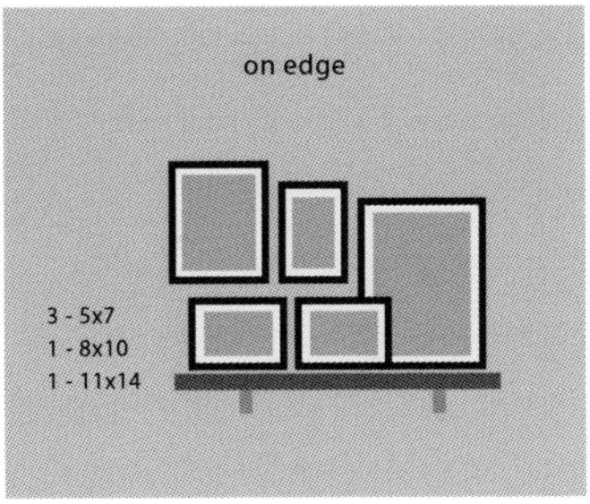


## POINT 3 上架法

和其他擺畫的方式不同，畫不是掛在牆上，而是直接立在層板、櫃子或架子上。

- **優點** 如果喜歡經常更換畫，這是一個不錯的選擇，還可藉由前後堆疊的方式產生層次感。
- **牆面需求** 不受牆面大小的限制，但受限於架子尺寸。
- **限制** 這是一種靈活的方法，允許移動和更換。如果你正在考慮設計兩層以上的層板，請記得每個層板間的高度要能夠放得下你最大幅的畫。
- **建議** 精準測量畫的大小及思考擺放的畫品，才能避免空間浪費與不實用。

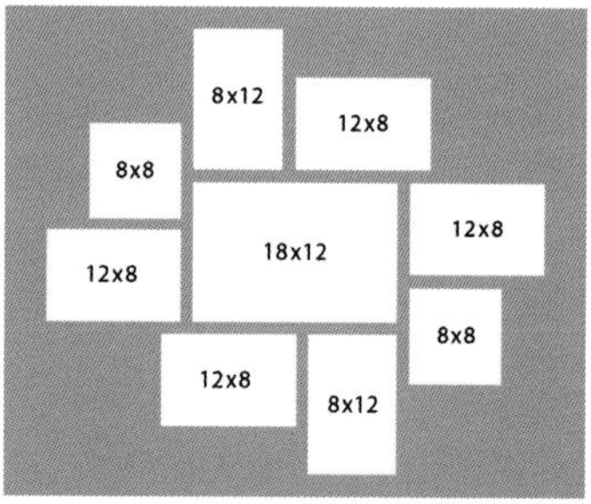

圖片提供：Crate & Barrel

## POINT 4 聚集法

聚集法的擺畫配置更自由，屬於較鬆散的、不對稱的擺法。

- **優點** 聚集法適用於各種尺寸和各種材質框架的畫，擺放自由度比格式法更高。
- **牆面需求** 使用聚集法可以完全自由地使用整個牆壁或僅使用一部分牆壁。
- **限制** 這個方式是限制最少的，但如果擺不好可能看起來就會很凌亂。建議可以嘗試在每幅畫之間保持一致的距離，也可以試著選配相同的框架，就能創造出亂中有序的感覺。
- **建議** 初學者先拿4-6幅畫來實驗，將大大小小的畫不規律擺放上牆，建議不要太多幅，避免眼花撩亂。

## POINT 5 樓梯法

以扶手線條作為陳列基準，所有畫的下緣皆與扶手平行，畫的上緣則可以隨意編排。

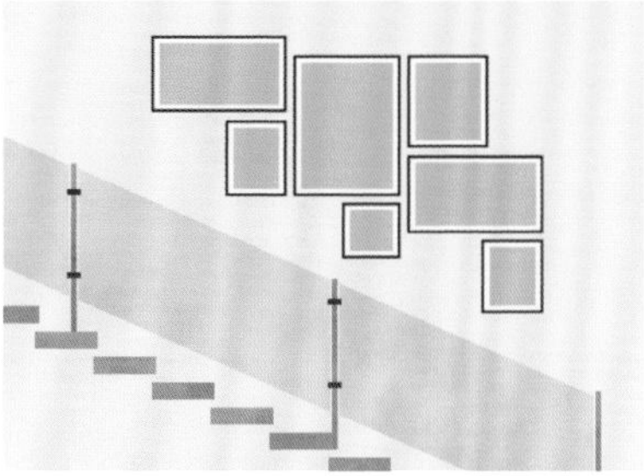

● **優點**

使得上下樓的過度空間，也能在移動時成為居家的一道風景。

● **牆面需求**

適合用在有樓梯的空間、梯廳，不受牆面大小限制。

● **限制**

樓梯過陡會影響畫的展示斜度。

● **建議**

畫的內容顏色與素材不要太過於花俏，否則會讓人視覺疲乏。

### PLUS! 實驗法

Q 我有很多畫，要如何決定哪種擺法？

A 如果有很多畫，卻不知道該如何下手，那麼實驗法可能非常適合你！

　先依照畫的大小畫在牛皮紙上，再一張一張剪下來，將它們黏貼到牆上，嘗試各種佈局。

圖片提供：Crate & Barrel

## 04 選畫框 一框定生死

在擺畫時，畫框往往是被忽略的魔鬼細節！因為畫框雖然小，卻是空間與畫之間最重要的協調者，所以畫框除了要與畫搭配外，同時也要與室內風格一致。

**畫框材質與適合風格**

木頭
**北歐、日式、中式**

鐵／黑色
**現代、工業風**

鋁／銀色
**新古典**

金／金箔／鍍鈦
**巴洛克、洛可可、輕奢**

**掛畫方式要注意**

**釘牆vs.軌道掛鉤！**

Q **畫究竟要用釘子釘在牆上比較好？還是用吊繩掛在掛鉤上比較好呢？**

A 如果是新房有施作天花板，在掛畫區的天花板設計建議與設計師或者施作工班說，你想要在天花板內藏畫軌，等清潔完工後再將掛鉤掛繩組掛上即可，既可調節高度還可載重、畫又美觀。

如果沒有施作天花板怎麼辦？那我會建議用釘的，不過前提是，掛畫那面牆不宜是白磚牆，因為白磚本身密度不夠，釘子一打上去就粉化了，掛畫還是紅磚牆最好。至於掛鉤掛畫得特別注意，如果畫太重或掛鉤背膠黏度失效，畫可能會掉下來喔。

圖片提供：Crate & Barrel

圖片提供：北歐櫥窗

圖片提供：D&L丹意信實集團

# 木家具 木建材

## 鋪陳一個家的溫潤度

# WOOD

大家都愛木，因為它溫潤的質地總能讓家感到舒適，空間風格更加自然，也多了豐富層次感，讓磚牆及水泥構築的冰冷空間有了暖度。

然而許多人常常遇到一個狀況，「奇怪！為什麼別人的木家具、木素材看起來、擺起來都非常有質感，而我家的木質元素卻怎樣擺都怪？」雖然木家具、木素材百百種，但其實只要掌握兩大要點，也可以輕鬆添購適合自己的木家具。

# 兩大要點，一次挑中適合的
# 木家具、木素材

要讓木家具、木素材真正為空間加分，建議可從兩大原則進行分類，一是顏色，二是材料形式。

下手前先想好空間在視覺上呈現的感覺，最簡單的方式就是從顏色切入，這樣挑選到的木家具或木素材一定能為自己喜愛的風格加分，避免買了放入空間後才發現風格不搭的尷尬。當你知道何種視覺呈現是自己想要的，就可以思考什麼材質和觸感是你喜歡的，這也關係到預算的多寡，因此運用材料形式分類，能協助篩選出適合的木質地與理想款式。

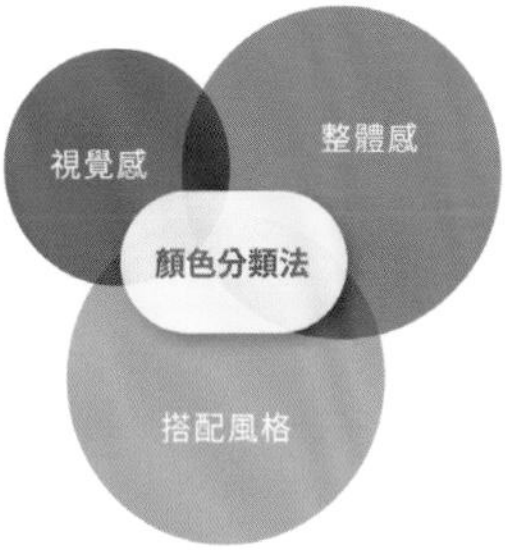


（上）木質是居家裝潢不可或缺的材料之一，將其多元運用，可讓空間看起來更多層次且顯得溫暖；（右頁）除了木家具，以木材製成的裝飾品，也能為空間增添藝術氣息。

## POINT 1 選出適合空間的木色

木頭除了本身的質地與紋路外，另一個重要的特徵就是顏色。有些木頭偏黃，有些則偏紅。而木頭的顏色除了因不同品種外，保護漆或保護油也會有影響。因此，先以顏色做參考點，以配色法來挑選木家具，這招既簡單又不容出錯，絕對可以省下許多糾結的時間。

### 木質搭配重點，先了解五大木色系面

你以為色彩心理學論點只用在空間大色塊上嗎？其實木頭也是有分顏色，而且不同的木質色相也會給人不同的感覺喔！以視覺辨識木頭表面顏色，可略分為紅、黃、白、黑、大地5種色系。空間裡使用紅色調木頭，看起來較溫暖且熱情；偏黃色調木頭會讓空間顯得較輕盈且尊貴；大地色系木頭則會讓空間看起來富有氣質且內斂。這三大木色系，是現在在市面上常見的選擇，它們是百年歷久不衰的傳奇，許多經典家具都喜歡找這三位木色當主角，再搭配不同的皮革、編織品、布料或飾材，都可以成為經典之作。

近年因為個人風格崛起，黑白色系染色木頭雙雙成為了搶手新星。白色調木頭使空間看起來更寬敞又典雅、黑色調木頭則低調且個性十足。從以下木質5大色系與適搭空間風格量表中，你就能找出自己的空間風格適合什麼樣的木家具了！

### 木家具、木素材色系 vs. 空間調性

| 名稱 | 適合風格 | 感覺與調性 |
|---|---|---|
| 紅 | 新中式、中式、鄉村 | 溫暖、活力、朝氣、熱情 |
| 黃 | 日式、現代、輕奢 | 陽光、智慧、尊貴 |
| 白 | 當代、北歐、極簡 | 純潔、寬敞、開放、神聖、安全 |
| 黑 | 當代、工業風 | 高雅、低調、個性、獨立 |
| 大地 | 北歐、新美式 | 氣質、典雅、安定、靜心、平和、內斂 |

圖片提供：北歐櫥窗

## COLOR 1 偏紅色調

若想要空間感覺是較沈穩、有暖度的，偏紅色調會是很好的選擇。

以色彩心理學來說，紅色象徵熱情、性感、權威、自信，屬性是暖色系，因此偏紅的木質可以提高空間暖度、成熟度及穩定感。偏紅的木質品由於彩度較高，適合當空間的家具主角，在搭配上要特別留心，不適合再搭配其他顏色的木材了。與其他裝飾品搭配時也要小心，盡量讓其他飾品低調點，不要搶了它的風采，否則會造成空間凌亂及心理壓力。

特別提醒，偏紅的木質跟市面上常說的紅木家具是不一樣的。紅木家具是一個品種，有偏紅、偏黃或偏黑色系。

**紅色調木質** vs. **相近色**

圖片提供：北歐櫥窗

## COLOR 2 **偏黃色調**

偏黃色調性木質品是所有顏色裡最百搭的，屬於市面上很常見的材質，許多日系家具都熱愛這類調性的木頭。只要搭配幾盆綠植就有神奇的加分效果，馬上就能讓空間鮮活了起來。

以色彩心理學來說，黃色是明度極高的顏色，能刺激大腦中與能量有關的區域，黃色也代表著陽光、智慧與希望，偏黃的木質可以提高空間整體亮度與質感。

**黃色調木質** vs. **相近色**

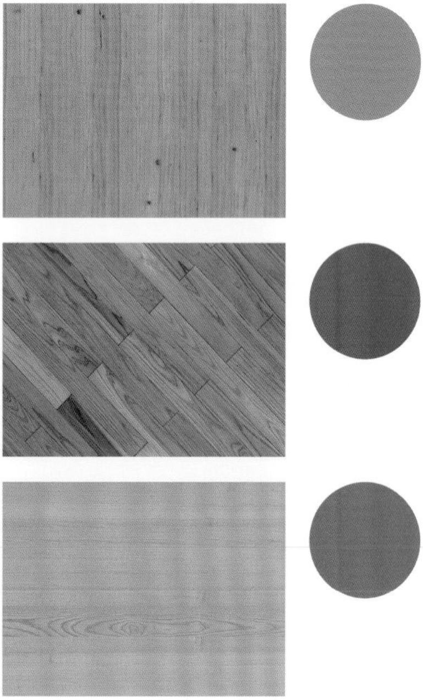

## COLOR 3 偏白色調

如果想要空間是有質感且帶點時尚感覺，偏白色木材質會是很好的選擇。偏白色調木家具由於它明度較高、與牆色也易融為一體，適合當空間家具的配角。居家中若使用白色木造天花板，讓空間顯得特別寬敞，要須考慮整體搭配，建議空間內有一、兩種卡其色或灰色互相搭配，才不會顯得過於無趣。

以色彩心理學來說，白色象徵純潔，神聖與安全；但白色面積太大時，會給人疏離、夢幻的感覺。選用偏白的木家具，優點是空間會顯得寬敞、明亮又優雅，也適合用來陪襯有色彩的家具。偏白的木質市面上比較少見，多半是以加工法使木頭洗得較白。

### 白色調木質 vs. 相近色

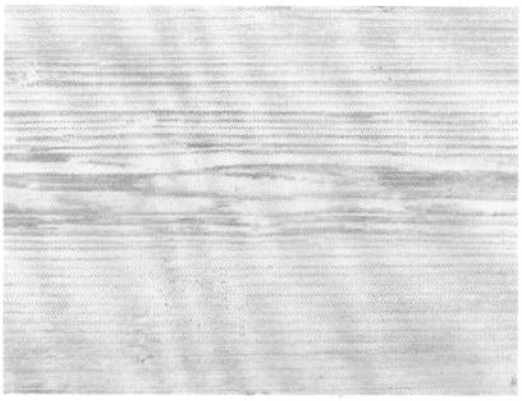

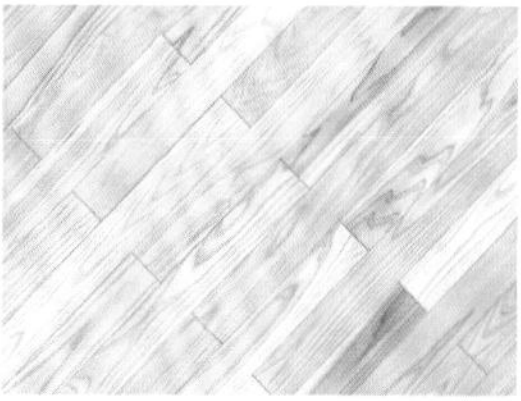

圖片提供：Crate & Barrel

## COLOR 4 偏黑色調

在工業風或想創造一些個性空間時，可以考慮偏黑的木材質。以色彩心理學來說，黑色象徵權威、高雅、低調和獨特性；而另一層面意味著堅固、冷酷和保守。

偏黑色的木質品看起來質感最好，由於明度低，選用時記得考慮空間比例。建議空間坪數或場域較大時，可以使用偏黑木質品，小空間就不建議了，同時切記也不要使用過多，否則空間過於暗沉容易造成心理鬱悶與負面情緒。

**黑色調木質 vs. 相近色**

圖片提供：Mickey Cx @ Pexels

圖片提供：D&L丹意信實集團

## COLOR 5 偏大地色調

如果喜愛沉靜且優雅內斂的空間，偏大地色的木家具是很好的選擇，屬於較中性、安全不容易出錯的選項，而大地色的木地板，大面積讓它看起來更像一個藝術品。以色彩心理學來說，大地色象徵典雅、安定、靜心、平和與內斂，給人情緒穩定、容易相處的感覺。不過使用大地色系木質品時，容易讓人感到死氣沈沈或缺乏活力。建議室內木質顏色要統一，在裝飾配件上不要選擇太浮誇或者太暗的物件，大地色系木頭通常空間越簡單、越單純就越能呈現它的氣質美感，與大葉片綠植非常搭配。

**白色調木質 vs. 相近色**

## POINT 2 挑選適合預算的材質

決定好色系，接下來就是木家具、木素材的質感與紋理，這與觸感及價格息息相關。目前家具店販售的木類材質有很多種，包括實木、原木及各式板材，也可選擇不同質感的貼皮，內在則選擇較便宜的實木板或夾板。當然如果預算允許，選購時還是以實木和原木最佳。

圖片提供：寬庭K'space

### OPTION 1 原木家具

原木是採伐後整塊或一段未經加工或只粗加工的木材，顧名思義就是原始的木料。

未經深度加工的原木家具，只做基本保護，不含任何形式的後加工，可保有清晰自然的紋理，沒有過多修飾，讓空間看起來更自然。

- **優點** 天然木材，保留原始木料的全貌，結實耐用，綠色環保。
- **缺點** 使價格相對昂貴，部分會因木材本身的性能出現開裂、變形的情況，而木頭本身彎曲或曲翹的機率也大。

**原木、實木傻傻分不清**

很多人會把原木和實木兩者搞混，但這兩者其實是很不同的！簡單來說，原木屬於比較原始的階段，加工後就成為實木，呈現比較整齊無瑕疵的狀態。

## OPTION 2 實木家具

採伐下來的天然原木，經過後加工而成的純木質實木材料。純實木家具展現的，不只是木頭本身的美，更多的是家具設計師們天馬行空的創意，用當代設計的角度讓木家具成為空間裡的設計逸品。而經過設計的實木家具，看起來精美且保有木紋理的美感。

- **優點** 生產成本較原木家具低一些，會以手工方式將木料較不美觀的部分剔除。
- **缺點** 加工技術上有一定難度，樹種也有一定的要求。

圖片提供：北歐櫥窗

圖片提供：北歐櫥窗

## OPTION 3 板材木質品

如果不考慮實木或原木家具，但又想要量身訂做適合自己空間的木質家具，你可以考慮請一個可靠的木工師傅幫你手工製作客製化木質家具，除了搭配自己喜愛的木皮色系和造型尺寸，也方便將自己的使用習慣考量進去。

一種較可能的選擇是用較便宜的實木板，表皮貼以紋理較明顯的實木貼皮，就能以較低價位觸摸到實木質感，使用壽命也可維持5-10年，適合不打算花太多預算在家具又想要有實木質感的你。

另一種實惠的選擇，則是以木芯板或夾板當做中間層，表面貼實木皮或人造木皮。因為木芯板與夾板是以較零碎的木塊膠合而成的，不必採伐多棵樹才能製成，對自然生態較佳，且造型可多樣變化，結構上也無安全疑慮。使用壽命約4-6年，因為拼合費工，中價位適合預算考量的你。能使居家環境比例協調且兼具實用性，才是板材木質貼皮存在的意義。

**貼皮可分以下兩種：**

1 **實木貼皮**：由於表皮與板材中間是用附有甲醛的黏著劑，購買時記得要保持通風。

2 **集層貼皮**：因為組合拼接的關係，在較潮溼環境中接縫容易產生縫隙，特別要注意除濕和通風，避免發霉。

● **優點** 可客製化任何尺寸、造型、表面材質、表面顏色。

● **缺點** 手工客製化單價較高所需工時較久，木質品耐用性須仰賴師傅功力；機械化大量出產之木質品單價親民但品質較不穩定。

圖片提供：品藝空間設計

4款常見板材

## 合板、木芯板、塑合板和密集板

木材質除了原木家具和實木家具外，市面上常見的木頭板材包括合板、木芯板、塑合板和密集板。木板材常被用來製造家具，包含常見的櫃類與桌椅，價格普遍而言會比實木家具和原木家具便宜，但也有價格更高的情形，其原因在於訂製家具的造型過於特別，製作時需要花的工時較長，價錢也就因設計而異了。

塑合板
Chipboard

木芯板
Lumber core plywood

合板
Plywood

密集板
Medium Density Fiberboard

圖片提供：品藝空間設計

# LIGHT

# 燈飾

## 轉換場景與居家心情的關鍵

有發現嗎？走進一家餐廳，除了空間裡家具和設計外，燈光更常常能改變我們用餐的情緒，然而這個隱形的「空間設計」卻常在設計居家空間時被忽略！如果你還是沒感覺，請試著夜幕低垂時，在桌邊點上檯燈或是閱讀燈感受一下！

我們每個人天生都有感知系統，這感知系統包括了五感以及心感，而其中影響整體空間最大感知的是照明，也就是燈光、燈源、燈具、自然光源等等。照明是改變空間氛圍的重要關鍵，不同光源與色溫，照射家具和室內材質時的反射、折射、透射所呈現的感受不同，就能創造出不同的空間感受；再加上燈具造型、放置位置與空間搭配產生的視覺效果，燈光就是能快速在單一情景中轉換出不同氛圍，並且立刻影響人的心情。

市面上可見各式各樣的燈具，這些燈具營造出來的氛圍均不同，落地燈、桌燈、檯燈、閱讀燈、崁燈、投射燈、吸頂燈、吊燈、壁燈或地埋燈等，都會帶給空間不同的氣氛或功能。這麼比喻好了，不同的燈具就像是不同的化妝品，有著不同功能也會呈現不同效果，甚至有些款式擁有特殊功用；也就是說，善用燈具，就能讓空間擁有不同的情緒表情！

（左頁）燈具的外型與照明效果都賦予空間不同的滋味，換盞燈就彷彿擁有了一個完全不同的空間。

圖片提供：D&L丹意信實集團

**破除燈具三大迷思！**

## 買燈前，請你跟我這樣做

**迷思一　燈光越亮越好？**

很多人家裡燈不少，打開卻一片光明，沒有強弱、冷暖變化，明亮到讓人不舒服，其實不同的空間需要選擇不同的亮度與色溫，因為過亮的光線可能改變大腦生理時鐘，影響人體睡眠；長時間在過亮環境下工作，眼睛也容易疲勞，甚至有時採光過好、自然光過亮反而會有眩光的情形發生，因而選擇適合的室內照明可減少眩光干擾，也讓眼壓不易過高。另外，光源的色溫與色光也相當重要。一般來說，偏暖的光源要比冷白光源更舒適也更適合居家空間使用，不同的光源顯色性也會帶給使用者有不同的感受。

請你跟我這樣做── **根據不同功能，選擇不同的亮度與色溫**

一般居室照明都有相應的照度標準，例如起居室、臥室、廚房應為75LX；餐廳、門廳等為50LX。此外，色溫與色光也有不同的氛圍感受，後面會有詳細說明。

註：光照強度以LX為單位，照度（Lx）＝ 功率（W）× 光效（Lm/W）／照射面積平方公尺

**迷思二　越有型的燈越好？**

基礎燈具（崁燈、筒燈、間接照明、日光燈）還是以實用性為主，但可以在吊燈、壁燈或立燈款式上挑選與空間風格較搭的，或者在燈罩顏色上做功課；例如若空間選用灰藍色調，燈具也可以考慮灰藍色燈罩。如果空間有選用到鍍鈦材質，則可以考慮鍍鈦的燈具。如果家具造型是圓形或弧形，那燈具造型也可以搭配圓形或者弧形。選燈具最大的敗筆，就是千萬不要選擇空間裡沒有的元素、顏色、造型或材質，這可能會釀成空間整體視覺上的大災難喔。

請你跟我這樣做── **選燈不可只追求美貌，也不能只在乎照明**

燈的選擇應該要兼具功能性與藝術性，才能挑到集結美貌與智慧於一身的好燈具。選擇內外兼具的好燈飾，請先在空間裡觀察觀察這一區的材質、顏色或造型有什麼。根據自己記錄下來的資料後，再去網路上或者店家挑選就好。一般燈泡的瓦數建議可以選12W/坪，如果想要偏亮一點的13-15W/坪，暗一點的可以選擇5-7W/坪。建議還是要因應空間使用習慣以及自己的視覺習慣去搭配瓦數喔。

**迷思三　燈具越混越有個性？**

在混搭風流行的當下，很多人在一個空間裡中式、歐式古典、現代風格的燈具齊上陣，混是混了、看起來也很豐富，可就是敗在一個「亂」字；一盞盞好燈不僅沒為空間加分，還搭不出協調的氛圍，想要畫龍點睛的初衷反倒成了敗筆。

請你跟我這樣做——　一個空間中最多只能同時混搭兩種風格的燈具

一般而言，同一個空間如客廳、臥室或書房的燈具，必須在造型、用材與色彩上風格統一；同時，燈的風格還要留意與空間裡的物體（如家具、電器等）造型、色彩等形成協調的基調。當然，時下流行的混搭風也可以考慮，不過混搭時應注意，一個空間中最多只能同時混搭兩種風格的燈具，並選擇一種風格為主體；例如日系空間要混搭不同風格的燈，你可以「日系＋現代」或「日系＋歐式古典」，並以日系為主體，這樣才會讓空間顯得有層次卻不淩亂。

# 五大居家空間光感規劃、燈具選配

充滿設計感的燈具的確能立即強化居家視覺質感，但不合理的照明不僅影響情緒，還會造成視力損害。關於燈光運用的第一步，我們要先考量不同空間需求，以及不想要打造的光感、創造什麼氛圍；第二步再選擇外型適合的燈具，創造協調性與個性兼具的空間。

圖片提供：Original BTC

## ① 決定內在光源需求

一盞燈「究竟要多亮」要如何決定？首先，先看這盞燈要放在哪個空間。浴室、廚房，就是要夠明亮才安全，而臥室若是太亮就會讓人無法一夜好眠，因而先將空間與燈具配對，定調出該空間的功能性亮度，這才是選購燈具時最重要的第一步。

### 空間燈具選配原則

**客廳** 建議色溫：3000－4000K黃白光

用來接待親朋好友的場域，如果色溫太高，容易顯得空間空曠且冷淡，而色溫太低則會增加客人的煩躁感。

**餐廳** 建議色溫：3000－4000k黃白光

餐廳燈光偏好暖色調，因為從心理層面觀察，在暖色調燈光下進食更有食慾，既不會讓食物顏色失真，也營造出溫馨的用餐氛圍。

**書房** 建議色溫：偏白光4000－6000K正白光

書房是讀書或工作的地方，需要寧靜、沉穩的感覺，因此不能使用過於暖色調燈光，以免產生睏倦情緒，不利於集中精神，但也必須考慮色溫過高容易造成視覺疲勞。

**廚房** 建議色溫：偏白光4000－6000K正白光

廚房照明要兼顧識別力，以採用能保持蔬菜、水果、肉類原色，有助於洗滌、烹飪時有較高的辨別力。

在決定空間想要的功能性亮度後，接下來就是色溫的挑選。顧名思義，色溫便是色彩的溫度，一盞燈能給人不同的情緒感受，就是因為這盞燈的顏色呈現何種溫度。因而如果想要創造不同氛圍，就要從色溫下手，而色溫單位是Kelvin Scale（以K為單位），一般而言燈具都會列出色溫規格。

若室內整體氛圍以黃白光為主（色溫3000K），環境會呈現溫暖且柔和的感覺。在空間機能使用上來說，閱讀區可以搭配白光（色溫6000K）的立燈或桌燈來搭配；廚房可以在吊櫃下方加裝LED燈條或LED支架燈輔助照明，在洗菜、切菜或燒菜時能更清楚的看見食物的顏色和佐料。

若室內整體氛圍以自然白光為主（色溫6000K），環境會呈現白淨及明亮的感覺。如果想要提高視覺暖度或更有層次，可以搭配輔助型的燈具，像是光源為黃白光（色溫3000K）的落地燈或檯燈來。當我們不需要一次開到多盞天花崁燈的時候，這一兩盞的特殊燈具就是很好的省電小幫手了，對於區域性照明來說可是游刃有餘。

## 挑選色溫參考

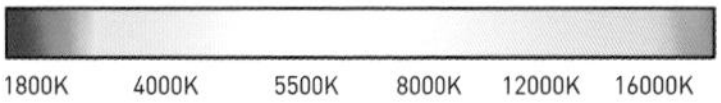


**色溫＜3300K**

**光線以紅光為主，給人溫暖、健康的感覺。**

**色溫3300－6000K**

**為中性色溫，紅、綠、藍光含量占一定比例，給人自然、舒適、爽快、柔和之感。**

**色溫＞6000K**

**藍光占比大，此環境下讓人感覺嚴肅、清冷、低沉，會帶來振奮精神的功用。**

圖片提供：SEEDDESIGN喜的精品燈飾

黃白光為主（色溫3000K），白光為輔

圖片提供：D&L丹意信實集團

自然白光為主（色溫6000K），黃白光為輔

## POINT 1 客廳——適合散光型配重點照明

做為回家第一站的客廳，是家人休息或客人第一印象的重要場所，因此能照亮大空間的天花板頂燈及製造氛圍的壁面、角落燈光，是主要考量重點。天花板照明設計的款式有幾種：

一是隱藏在天花板木作槽中的間接燈光，光源通常是LED燈條或LED支架燈，可提供即時且明亮的散光光源。二是外掛在天花板頂棚上的吸頂燈或吊燈，光源大多是以燈泡為主，也有少數內為LED燈條，照射範圍比較集中。三是內崁在天花板的燈具，稱為崁燈，光源為LED的燈粒或燈泡，照射範圍有分投射型或泛光型。

在配置空間照明時，我們首先考量使用者的習慣與亮暗喜好後，再以坪數計算出所需的亮度與色溫，最後再評估自然光加上日夜不同的光影變化，就算完成；小撇步是配置調光開關，想要改變空間氛圍、或是不同人使用同一個空間時都能輕而易舉的改變燈具亮度。

重點區域照明如客廳主牆或沙發背景牆上方的壁燈，可用暖光照明重點強調；沙發角落則可添置一盞光源向下的檯燈或落地燈，作為重點閱讀燈，如此一來，一個擁有明暗強弱的客廳燈光基調就已完成。

如果想要自己配置燈具第一次就上手，屬於間接散光型燈具的間接燈光將會是你不出錯的絕佳幫手。只要在天花板四周做崁燈，數量不用過多，其他部分用重點照明的燈具加強，就能輕鬆讓客廳很有fu。

（上）散光型的照明設計
（下）檯燈建議與邊几相同風格

圖片提供：D&L丹意信實集團

圖片提供：D&L丹意信實集團

## POINT 2 書房——以滿足照度要求為主，避免裝射燈

書房有明顯的功能取向，一般來說，以雅致寧靜的氣氛為佳。在這個功能至上的環境中，不建議讓燈的造型成為空間的主角，也就是說，書房照明布置原則上是以滿足照度需求為主，建議採偏白光（4000K），對使用者眼睛較好，避免暖色調容易產生疲倦，色溫過高也易有視覺疲勞。此外搭配白光閱讀燈的好處是可以調整高度與照明範圍，對於使用者來說是一個非常方便的選擇。需特別注意的是，不要在書房裡裝射燈，因為射燈光線刺激突兀，有可能造成眩光。

圖片提供：SEEDDESIGN喜的精品燈飾

圖片提供：品藝空間設計

## POINT 3 廚衛——以滿足料理、盥洗功能性為主

不管是清楚辨識食材或料理的狀況或是看清浴室中的溝縫細節，廚衛照明重點在提供識別力、強調的是健康實用，因而廚衛的光源色溫應選擇偏白光4000K-正白光6000K，這樣才能看得更清楚明確。此外，在角落加上暖調局部光，是讓廚衛不致顯得冷清不適的小技巧。

此外，但在廚具吊櫃下方建議加裝白光系列LED燈條來強化廚房照明。若為開放式廚房須考慮到整體照明氛圍，崁燈選用主色溫。

## POINT 4 臥室——利用暖光源營造寧靜氛圍

臥室光照強度不必很高且以暖光源為主，並盡量利用漫反射方式照明整個臥室空間。可以在天花板頂角或地板踢腳線的位置設計一些燈槽，讓燈光向上或地面照射，並透過這些反射光完成空間照明，這樣做的目的是讓光源均勻且微弱的。現成燈具選擇有壁燈、吊燈、床頭燈、立燈或落地燈等等，這些燈飾在整體呈現上皆屬於溫和型，能夠為臥室創造出寧靜安逸的氛圍。

充滿著自然光的白天臥室給人甦醒清新的感受，但夜晚房間裡的燈光就顯得格外重要，因為臥室是屬於即將入眠的區域，暖色型色溫可以提供一種放鬆的感覺。此外臥室屬於私密空間，你可以選擇自己喜歡的造型燈具或符合個人使用之機能燈具，只要瓦數不要太高(別太亮)，避免睡前過於刺激眼睛。

## POINT 5 餐桌——上方的光源是美味關鍵

從心理學上來看，在暖色調燈光下進食，不僅能給人帶來好胃口也會帶來好心情。由此可知，餐廳燈光營造的氣氛十分重要。餐廳燈光最好選擇暖色調，一個柔和明亮，既不過分刺眼又不致昏暗的光環境，最重要光源應該在餐桌上方，創造聚焦於餐桌及交談重心的氛圍。

在餐桌上方，圓形吊燈通常是我的首選，它可以豐富立面空間，也可以帶來柔和明亮感，是主要的氛圍助攻手。圓形吊燈對於東方人來說也象徵著圓融、圓滿，所以無論是方型餐桌還是圓型餐桌，圓形吊燈都會是住宅餐廳的首選。

圖片提供：明日家居MOT CASA

圖片提供：Original BTC

## ② 挑選適合空間的燈具造型與種類

決定了所需亮度及需要創造氛圍的照光區域與燈具種類後，就可以開始玩空間了！挑選喜愛又符合空間整體協調感的燈具，就能自由混搭出屬於你的個人居家氛圍。

不同種類與造型的燈具可重點突出空間特色，例如牆壁和壁畫可用投射燈或軌道燈創造重點照明；個性化吊燈常是吸睛焦點，讓整體空間氛圍達到平衡效果，亦是美化空間的魔術師；照亮地板空間的嵌入式地燈，能夠柔和地向下發光，能巧妙創造暖調的空間氛圍。

圖片提供：SEEDDESIGN喜的精品燈飾

### POINT 1 書房——燈具造型簡潔不搶戲

除了傳統檯燈外，還可考慮在書桌上方安裝一盞向下聚光的吊燈，燈的風格可多樣化，日式、歐式或現代均可，但造型上應盡量簡潔且燈罩開口向下，形成局部聚光，以滿足閱讀或工作照明需求，同時創造出空間明暗虛實的層次感。

## POINT 2 客廳——天花板主燈造型是重頭戲

基本原則先看客廳空間大小，如果面積較大，可採用造型複雜的吊燈、多節旋轉的藝術燈等；面積較小則不宜裝過於豪華複雜的燈。注意！樓高低於2.4公尺的空間不宜裝設吊燈，只適合裝吸頂燈，否則會讓空間顯得壓迫不舒服。

在風格搭配上，當代風格客廳選用線條簡潔又明亮的吊燈或落地燈為宜。如果挑高較高，宜用白熾吊燈或一個較大的圓形吊燈，可使客廳顯得通透；如果天花高度較低，可用吸頂燈或落地燈，這樣客廳顯得明快大方，具有現代感。

日式及歐式風格的客廳照明，對裝飾性要求較高，在造型上應該更講究些。喜歡古典奢華氛圍可選擇歐式典雅的水晶吊燈；輕奢風則可考慮設計簡潔但卻含有特殊色外罩的大碗燈，想要營造濃濃日式情調則可嘗試別致的鳥籠燈。

## POINT 3 廚衛及廊道——燈具簡單至上

廚房與衛浴裡的生活用品已經多又雜，主照明應該是防水防塵的吸頂燈或嵌燈。至於廊道或端景區可用可愛又輕巧的檯燈或吊燈做裝飾和調節，呈現出一種溫暖親切的感覺。

圖片提供：D&L丹意信實集團

## POINT 4 臥室──暖調小燈立大功

臥室裡可選擇以吸頂燈、檯燈、落地燈、床頭燈等互相搭配，這些燈具之間要能隨意調整使用，才能讓你無論或躺或臥都能營造出溫馨的氣氛。別忘了給床頭一盞溫暖的小燈，入睡前的寧靜感受就靠它了！

圖片提供：寬庭K'space

圖片提供：D&L丹意信實集團

## POINT 5 根據餐桌／茶几／邊几——形狀和尺寸選擇燈具

如果對配燈的技巧沒把握、也擔心燈具與餐桌的比例抓不好，一個入門小技巧讓你絕不出錯。

首先選擇燈具前，應事先掌握餐桌／茶几／邊几這些面體的形狀和尺寸，動手丈量一下吧！一般來說，在燈的總寬度不大過桌子的前提下，一張桌子上方可配置2至3組吊燈，參差不齊的高度可以讓空間看起來更輕鬆隨性；平行陣列型的擺法，可以增加空間的氣勢與安定感；若是選擇一組吊燈作為主角，你可以選擇置中懸吊，空間看起來會平衡舒服，偏側一邊懸吊則傳遞出一種個性化的新穎感。不論哪種方式，吊燈的魔法都是使空間氛圍更加溫馨。

### 燈具選擇小訣竅 1

## 燈具種類 vs. 空間大公開

市面上有壁燈、立燈、吊燈、檯燈各式各樣的燈具，到底它們功用有何不同？哪種才是我需要的呢？哪種才是適合空間的呢？以下表格讓你一目了然，再也不選錯燈具。

| 燈類 | 適用空間 | 選時注意事項 |
|---|---|---|
| 吊燈 | 天花高於離地 240cm（淨高） | 錘鍊／繩索的長短會影響空間視覺感，太低會有壓迫感，太高會顯得照度不足。 |
| 吸頂燈 | 天花低於離地 240cm（淨高） | 需考慮燈具本身的直徑度／寬度及長度，以及整區天花板安裝吸頂的整體比例大小。天花大、燈具小就顯得小家子氣，不夠穩重；天花小、燈具大則顯得空間過於擁擠、俗氣。 |
| 地燈 | 埋入地面或者離地不可高於 50cm | 向下照射之地燈需考量照度，如果照度很強、離地很近會過度曝光。若埋地燈，需考量向上照射時是否會刺眼或者產生眩光效果。 |
| 立燈 | 使用於牆面中段及地面空白處，這兩條件並存使用 | 需考慮到擺設空間的家具顏色、材質、元素、風格。立燈照射範圍需加以辨識：向下照明、向上照明、上下均照等，用以確認是否與自己想要的照射方向一致。 |
| 壁燈 | 使用於壁面，適合牆面空白處並高於 170cm | 先考慮燈具照明方向：向下、向上、上下均照等，再安排燈具安裝高度，故光源形狀也是考量元素之一。 |

**燈具選擇小訣竅2**

## 燈具款式風格就在細節中

**除了支持光源的功用外，造型、顏色與材質也會影響整個空間的和諧感，是不可忽略的小關鍵。搭配的好、挑選得宜，絕對可以立大功，空間韻味大大加分。選對燈的厲害秘訣在於觀察這兩個細節：燈具骨架的材質及燈罩的感覺。**

### 燈骨架

骨架會影響到我們人體身材的曲線，而燈具的骨架則會影響到空間的風格，所以千萬別小看骨架，它可是很容易被忽視的空間殺手。掌握好骨架的材質，整盞燈一定會八九不離十的朝你要的風格前進，這樣挑起燈來絕對不會迷失在十字路口。

| 材質 | 感覺 | 建議風格 |
|---|---|---|
| 金屬 | 高冷、科技、時尚 | 工業、現代、古典 |
| 陶瓷 | 韻味、氣質、質感 | 新中式、英式、法式 |
| 玻璃 | 高尚、現代、簡約 | 工業、現代、北歐 |
| 木質 | 樸質、溫暖、自然 | 新中式、北歐、鄉村、日系 |
| 石頭／水泥 | 冰冷、原生、生硬 | 新中式、日系、北歐 |

### 燈罩

燈罩是燈泡或外圍的遮蔽物，有防眩光、聚光、防觸電、防塵等多種用途，燈罩裝飾絕對會影響整體空間的效果。不同燈罩的材質各別呈現出獨特的效果及韻味外，也影響到光源本身散發出來的透光度、照射度、範圍、光影等。通常燈具搭配不佳的問題都出現在燈罩上，是很常被忽略的關鍵。

| 材質 | 光感效果 | 特色 |
|---|---|---|
| 織布 | 透光率依照布料密度<br>密度高→透光低，密度低→透光高 | 易清洗、可更換、浪漫氛圍 |
| 玻璃 | 透光率高 | 易碎但有質感 |
| 乳白／噴砂 | 可遮光源，透光率中等 | 霧度低、擴光效果一般 |
| 金屬燈罩 | 透光率極低 | 內罩上漆，反光具有個性化特色效果 |
| PC燈罩 | 透光率極高 | 光線直白、不柔和 |

圖片提供：（上）明日家居MOT CASA；（下）D&L丹意信實集團

# CABINET

# 櫥櫃

## 在隱身與展示收納間斤斤計較

圖片提供：D&L丹意信實集團

# 選櫃三關鍵，種類、材質、風格！

生活中總有許多雜物，如果收納沒做好，好不容易設計好的美美空間霎那就被破壞了。櫃子在空間布置陣容上，堪稱美學與實用最完美的結合；在美學上它可以強化空間風格，也可以讓使用者將不常用或覺得不美觀的東西收納好。

選擇櫃子有三大關鍵：首先是種類，不同空間需求的櫃子大小就有所不同；再來是材質，不同櫃體材質在不同風格空間裡必須慎選，不然很容易破壞整體氛圍；最後是櫃體的各種小細節，像是要落地式有櫃腳的好還是壁掛懸空好？要選擇開放式還是有門片？展示用還是收納用？這些都和空間息息相關，需要一一考量。

## ① 找到我的 Mr. right——先定調風格與質感

走進家具店前，你心中要有一個自己家整體風格的藍圖，才不會被五花八門的櫃子弄暈，以免櫃子送達時才發現和整個風格不搭，就得不償失了。所以第一步就是根據整體空間風格，決定想要的櫃子材質及搭配的顏色。不同風格的空間各有其較適合的材質與色系，心裡有底之後挑選時就能不糾結。

圖片提供：麗居國際家具

櫃子的種類很多樣，適合的機能也不同，例如開放式櫃體適合擺放常取用的物件或展示物件、門片式櫃體適合收納之用、玻璃櫃體拿來陳列收藏最合適。

**風格與建議的材質／色調**

| 風格 | 建議的材質／色調 |
|---|---|
| 北歐／日系風 | 木質調／淺色系 |
| 美式／鄉村風 | 木質調／深色系 |
| 當代／工業風 | 鐵材質／黑色 |
| 新古典風 | 鋁材質／銀色 |
| 巴洛克／洛可可／輕奢風 | 金箔／鍍鈦／金色系 |
| 新古典／現代風 | 銅／金屬棕 |

## ② 魔鬼藏在細節裡！櫃腳、櫃門是關鍵感

決定空間中所需櫃子的大小及整體外型質感後，一些細節的定調也可以讓你更容易鎖定目標。

到了家具店，只要專注櫃子的尺寸以及已挑出風格適合的櫃子中，哪一個比較對你胃口就行！

除此之外，櫃腳和櫃門，也是一大關鍵！

圖片提供：D&L丹意信實集團

## STYLE 1 櫃腳 —— 直接落地型、支撐型

主要有兩大類，一是直接落地型，有踢腳板；另一類則是支撐型，有四支櫃腳。別看這個細節，櫃腳的造型幾乎關係到整體櫃子的風格定向，不同風格空間適合什麼櫃子，基本上直接看櫃腳就行了。例如現代或工業風空間，適合簡單俐落的造型腳；古典或鄉村風空間，可以選擇較有曲線或者弧度的櫃腳；至於日系或北歐風，適合四方、粗獷有型的櫃腳。櫃腳幾乎不太有人會去注意到，但如果搭配地面或地毯時，它可是美感協調的決勝點。

圖片提供：有情門

## STYLE 2 櫃門——開放式、門片式

櫃門分為開放式與門片式，開放式顧名思義就是由鏤空格板所組成的空間，優點是取物方便，缺點則是易沾灰塵，常用到的物品或者書籍較適合放在開放式櫃體內。

門片式又分開門式、左右橫移拉門式或抽屜式。門片式唯一考量就是占不占空間，如果開門後會讓人沒有地方站立或走動，那麼左右橫移拉門可能更為適合。請記得，添購的櫃體有抽屜時，也得考量抽拉出來的深度與空間。最後，櫃體的把手也是不可忽略的一環，它會影響到櫃子的耐用度及實用性，而把手的造型也是需要考量，風格配搭原則和櫃腳相同。

圖片提供：品東西

## ③ 量身打造：決定功能和尺寸

決定了櫃體風格與質感後，就可以開始丈量每個空間所需的櫃子大小、決定櫃子的種類、以及櫃門的開放程度等細節，如此一來挑選櫃子時，更容易找到對的櫃子。

櫃子的種類繁多，每一種特定櫃子的使用上又有些不同的小訣竅，可以幫助你在挑選櫃子時更加精準實用。

圖片提供：D&L丹意信實集團

## STYLE 1 鞋櫃

鞋櫃是進入空間後首先見到的櫃體，它對空間調性有決定性的影響。鞋櫃一般有兩種選擇，一是進門的矮櫃，可多元利用，適合小空間；二是收納較多的高櫃，適合大空間。

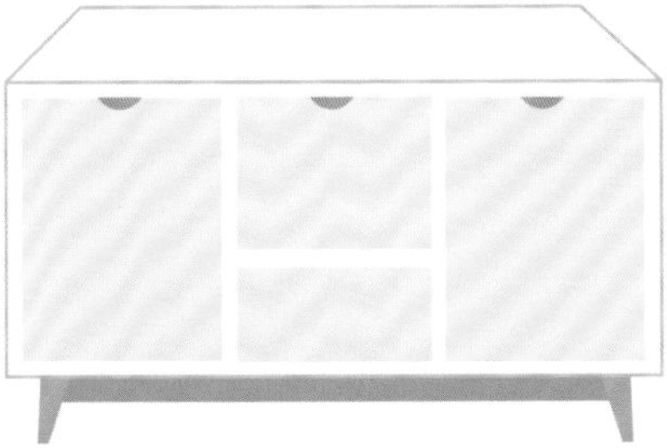

**矮櫃特色**

- 收納度中等
- 櫃體上方可當做平台使用
- 若獨立陳設，空間的透視效果佳
- 適合小空間、東西不多、追求空間穿透不封閉的家

**高櫃特色**

- 收納度強，可放置的鞋子數量多
- 可靠牆擺放，再加上牆面的裝飾，就自成一方端景
- 若獨立陳設，可當成玄關區的隔屏
- 適合大空間、鞋多、缺收納的家

**Tips 鞋櫃挑選小提醒**

鞋櫃內隔層板建議挑選可移動式的活動隔板，如此才好依照不同高度的鞋子同層擺放，除了擺放進去會整齊好看，同時也充分運用空間。

## STYLE 2 玄關櫃

很多人混淆了玄關櫃和鞋櫃，其實這兩者功能是完全不同的；鞋櫃主要是收納鞋子，玄關櫃是用來展示、置放裝飾品或是進出家門時需要的鑰匙、手機、錢包、信件等。

大空間的玄關都會配置矮櫃，高度大約及腰（75-90cm左右）。玄關櫃通常擺放飾品、花瓶等，甚至在不同節慶與日子，玄關櫃可扮演起承載氣氛的重要角色。但如果配置在小空間小坪數裡，通常玄關櫃會與鞋櫃結合，這也是一個非常聰明的做法。

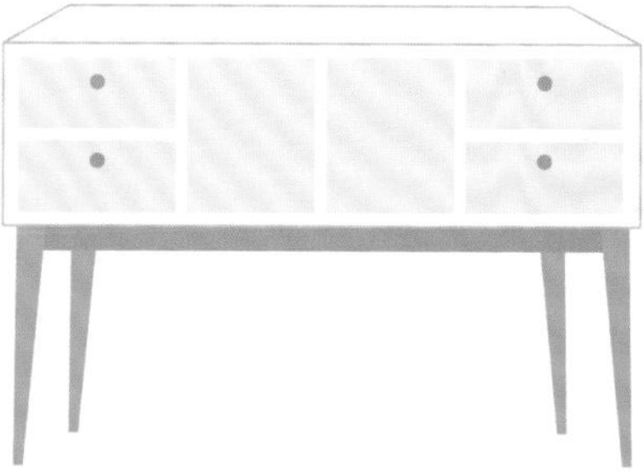

**Tips 玄關櫃挑選小筆記**

建議優先考量配有2-4個抽屜的玄關櫃，因為抽屜能夠協助分類隨手放置的物品，鑰匙、錢包或信件等都能找到好去處，玄關櫃可是小物收納的好幫手！

## STYLE 3 電視櫃

通常電視櫃會比電視寬度更寬約2/3，高度在40-60cm，深度約45-50cm。購買電視櫃前，應充分了解自己擁有哪些設備以及尺寸，是否有音響、主機等等電視週邊器材，甚至音響玩家們還有擴大機、switch、音箱等等，這些都會擺放於電視櫃上，因而就影響了電視櫃的尺寸。

選購電視櫃除了收納需求外，隨著電器產品越多、電線也越多，所以最理想的收納就是讓雜亂的電線消失在視線內，因而無論電視是壁掛式還是桌上型，都需要在電視主機後方留6-8cm走線，或者在櫃體上方或後方留孔洞，可以讓電線們化整為零。

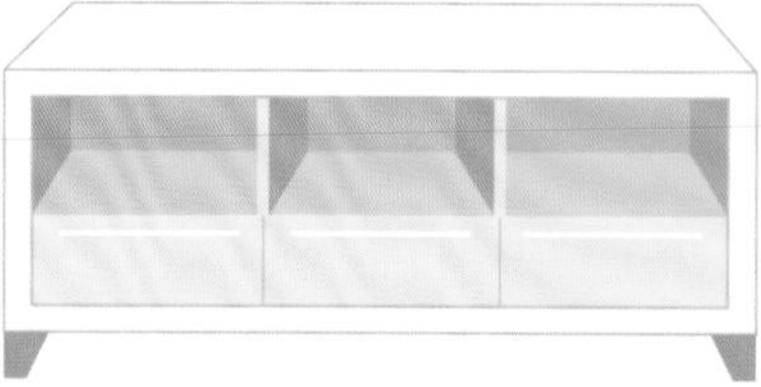

**Tips 選購電視櫃前功課要做足**

挑選電視櫃前需先量好音響、主機、喇叭、音箱、電視週邊器材的長寬高尺寸，避免放不進電視櫃內。再來，電視是桌上型或壁掛式請提早決定好，這個決定很重要，因為會影響檯面剩下多少空間可使用。

## STYLE 5 書櫃

書櫃主要收納的是書，所以首先要清楚自己的書有哪幾類，可藉由書櫃的分格進行分類。其次需要了解書的尺寸。書櫃深度約莫在28-35cm左右，而最為常見的櫃深尺寸是35cm。若是多外文書籍，較常挑選深45cm的書櫃，以免特殊規格的書籍無處藏身。

書櫃一樣有分高矮系列；矮櫃高度約在76-90cm，可與書桌拼成一個L型。此高度非常方便使用者坐著時拿取書本。高櫃則要要先參考居家空間的天花板高度，避免一時太開心想到高書櫃可以儲放很多書，卻沒想到櫃子太高屋子塞不下的窘境。180-240cm的櫃高是比較常見的。

書櫃的挑選重點在於材質，一定要選擇堅較堅固的材質，當書櫃的材質不夠堅固，容易因為書本過重導致書櫃變型或損壞，若有大量藏書時，連五金品質都要特別注意。

**Tips 深度剛好的書櫃最順手**

書櫃不要選購太深的，既會占空間又很難拿取，因此深度建議在35或40cm左右。有些原文書尺寸比較特別，請記得一併考量進去

## STYLE 4 餐櫃

餐櫃除了拿來收納餐盤、杯子、茶壺、咖啡壺等功能外，也具有展示收藏的作用。通常餐櫃都帶有玻璃門片，而玻璃款式依顏色可分為清玻璃、茶色玻璃、灰色玻璃、黑色玻璃等，玻璃除了讓器具防塵之外，也有保護的效果，可依照室內風格挑選不同的玻璃門片。

| 餐櫃玻璃顏色vs空間風格配對 | |
| --- | --- |
| 清玻璃 | 古典、鄉村 |
| 茶玻 | 中式、日式 |
| 灰玻 | 現代、北歐 |
| 黑玻 | 工業 |

**Tips 餐櫃不只好看更要安全**

記得先量好家中餐盤和杯子數量和尺寸，精準計算才能達成收納效果，此外，購買餐櫃前也記得詢問櫃內層板的載重才安全。

## STYLE 6 衣櫃

衣櫃主要是收納衣服，因而選購衣櫃時，最重要的考量是使用者的習慣。如果習慣吊掛，那麼就要將衣物分成長版與短版，視長短版各自的數量來決定需要多大空間，而收納層又可分為網籃或抽屜。由於每種櫃子的使用方式不同，因而了解自己的衣物收納需求是非常重要的一件事。

衣服數量較少者，衣櫃寬度建議挑選150cm以上，衣服較多的人則建議挑選寬度在210-300cm，當然最終要視擺放衣櫃的空間有多大而定。至於衣櫃深度，建議約60-70cm，其中深度又以60cm及65cm最為常見。太深或太淺都會影響櫃子的實用性。

### Tips 選衣櫃的重要細節

1. 檢查衣櫃表面材、木板材質、封邊及背板是否牢固有無異樣
2. 檢查並試拉五金配件是否順暢堅固
3. 了解品牌的保固內容及服務

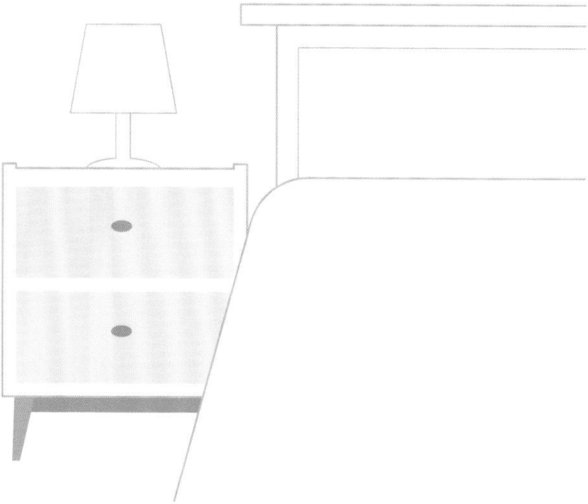

## STYLE 7 床頭櫃

床頭櫃主要分兩種，一是與床墊同寬、靠牆的長櫃，主要用來存放棉被或較大的雜物；另一種是床頭兩側的矮櫃，主要是收納睡前需要的小物及書籍，可依需求選擇有抽屜或開放式的小桌櫃。

### Tips 床頭櫃順手擺第一

每個人睡前會做的事都不一樣，因此首先考量自己的生活習慣再來考慮床頭櫃功能，並評估要有抽屜好用還是開放式的層板隔順手。最後關鍵是床頭櫃高度，記得評估床墊加床架高度後再選擇，因為床頭櫃太高會不好拿取東西，太低會卡手，但高好還是低好全依個人習慣，但建議床與床頭櫃高度落差在10-12cm最順手。

# PILLOW. BLANKET

# 抱枕、披毯

## 空間美感助攻神隊友

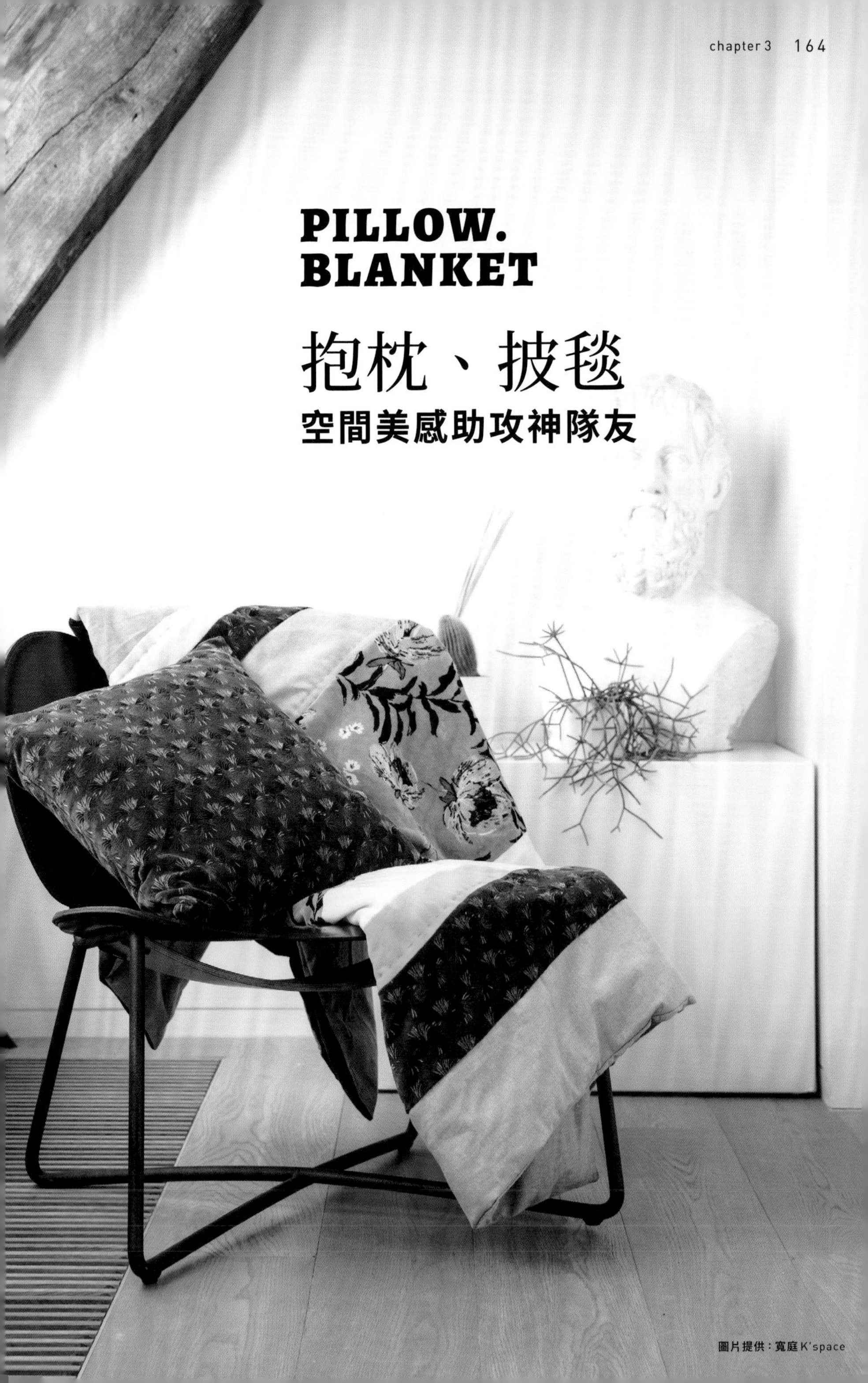

圖片提供：寬庭K'space

空間裡不起眼的小配角——抱枕和披毯，正是最常被亞洲人忽略的空間覺美感助攻神隊友！

說是神隊友一點也不誇張，因為抱枕和披毯只要透過一點擺設技巧，就能讓氛圍大大改變，坐起來也更舒適。因此，外國人對抱枕和披毯的重視不僅止於擺放，甚至有專業布藝設計師為各式布樣推陳出新，因此不管是想為居家換季、或變化空間陳設主題，絕對能找到適合的抱枕與披毯讓空間更添風情。

除了美感，抱枕和披毯當然具有實際功能；抱枕可以當腰靠，讓乘坐時更有支撐度；至於披毯，不僅冬天可以隨時披上保暖，夏天冷房也是必備品，對於有長者和嬰兒的家庭來說更是不可或缺。因此，善用披毯和抱枕這兩大居家小物，讓空間更完美吧！

## 軟實力入門指南

### 抱枕選配五大原則

不同於椅子，沙發的深度比一般椅子又更深，加上每個人身高各不相同，如果想要同一張沙發可以讓所有人都覺得舒服，那麼抱枕就是不可或缺的待客之道。不只為了視覺美觀，只要沙發上有幾顆抱枕，人們坐上去時自然會將抱枕調整至讓腰背覺得放鬆的位置。

那舒服的抱枕怎麼挑？因為抱枕會與背部接觸，當然優先考量天然透氣材質；再來，枕心決定了抱枕的彈性，不同材質枕心提供不同的支撐性，最好的方式就是試靠看看，倚靠感足不足夠？彷彿沒靠到東西的感覺或是靠起來硬梆梆都不是好選擇。

挑好軟硬適中的舒適抱枕後，當然也不是胡亂丟上沙發就結束了，要怎麼擺才不會有凌亂感可是一大學問。沙發上要放幾顆抱枕才好？抱枕的種類和花色這麼多，到底該怎麼配？為了避免一時興起挑了不適合的抱枕，最好掌握以下五大原則，讓抱枕發揮神助攻的效用，不只讓空間美感躍升，也更能展現你的沙發生活。

**要面子也要裡子，抱枕枕心選擇！**

抱枕枕心建議以天然材質為佳，通常有羽毛或羽絨可供選擇，兩者差別在於羽毛比羽絨更能保持形狀。不過許多人擔心羽毛梗會穿過抱枕套，這個問題只需要挑選好一點、厚一點的抱枕套就能避免了。

## RULE 1 圖案花色最多2種

抱枕的圖樣款式多元，常見的就是單色、混合色塊、條紋、小碎花、大花和格子圖案；最多只選擇兩種款式互相搭配，就不容易產生紊亂感，而這兩種圖樣的抱枕搭配法建議一種選素色，另一種就可以花俏些，讓素色去突顯花俏的卓越，如此一來客廳的視覺就更有層次了。

圖片提供：Crate & Barrel

## RULE 2 最高指導原則：色相一致

搭配抱枕時，並非只能呆板的選用單一色系，而是可從不同顏色但明度一致著手；也就是說，無論是明亮還是沉靜，只要保持抱枕的整體色調，就可以維持沙發區和諧的感覺。

還是沒頭緒嗎？觀察空間裡既有顏色來選擇抱枕是最不出錯的方法。不妨從整體空間來找靈感，從裝飾、地板、牆壁、藝術品和家具中，找到相同的色系和色調。例如牆面若是灰色，搭配同色系的灰抱枕肯定不會突兀，或者同樣灰階色彩也是可行。如此一來，抱枕就能讓整個空間看起來更協調、更有美感。

## RULE 3 三三四四比例原則

「左右對稱擺法」是最常見方法的沙發抱枕擺法；當一側放2個另一側也放2個，這是一個簡單的開始。想要變化一下，可以一邊放1個另一邊放1個，中間再放一個特殊造型抱枕。對稱的抱枕是因為對稱，也會使人有安定的感覺，可以讓空間看起來更平穩。

圖片提供：Crate & Barrel

圖片提供：寬庭K'space

## RULE 4 大大小小的層次感

抱枕尺寸不勝枚舉，基本作法可將所有抱枕都設定為相同的尺寸（51×51cm或40×40cm），再混搭不同尺寸創造層次感。

如何選擇適合自家沙發大小的抱枕？別忘了確認一下沙發的深度。沙發如果較深的，可以搭配尺寸較大的抱枕，看起來簡單、俐落又大器。利用不同尺寸的抱枕來布置沙發，會讓空間看起來更有層次，而沙發馬鈴薯們也可以隨手取得適合自己的抱枕，好好的靠、躺、抱。

## 抱枕圖鑑

市面上抱枕百百種，到底要怎麼分？首先，抱枕可依功能分為睡眠枕（即枕頭Sleeping Pillows）與裝飾枕（Decorative Pillows）兩大類。

睡眠枕用於臥房，裝飾枕用於臥房之外的其他地方。睡眠枕依床墊尺寸細分成標準（Standard）、皇后（Queen）與國王（King）。

裝飾枕則可分為歐洲枕（Euro，靠背用）、裝飾枕（Deco）、靠枕（Boudoir，靠腰用）以及頸枕（Neckroll）。

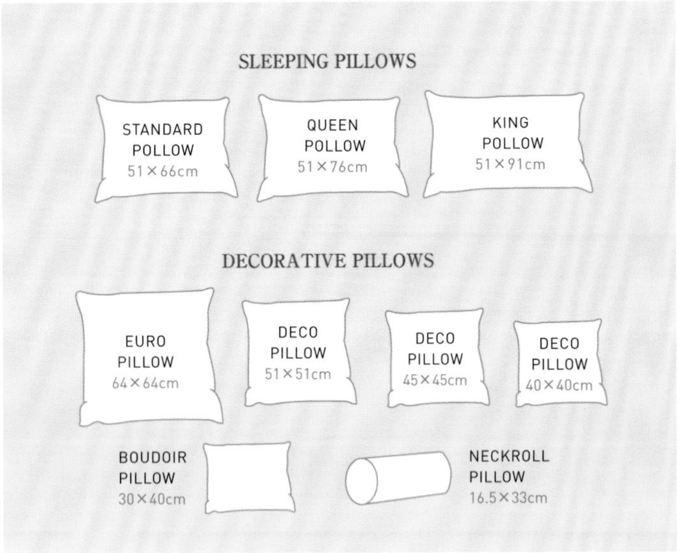


**常見抱枕尺寸**（1英吋=2.54cm）

25"= 64 cm ／ 20"= 51 cm ／ 18"= 45 cm ／ 16"= 40 cm ／ 114"= 35.5 cm

圖片提供：寬庭K'space

# 軟實力入門指南
## 沙發區&臥室美感示範

### ① 沙發區

和沙發形影不離的抱枕要怎麼放？第一步要考量的是沙發造型，是一字還是L型？再來考量沙發尺寸，市面上常見尺寸是1.8至2.4公尺。假設是一字型沙發不含沙發的背靠墊，三、四顆抱枕是比較好的比例；如果是L型沙發或大於2.4公尺，可以適當增加抱枕數量。

圖片提供：D&L 丹意信實集團

## STYLE 1　一字型沙發

有些喜歡空間個性化的人，常將抱枕放在一字沙發的同一側，那要如何創造視覺平衡呢？我建議可以在另一側放置一盞落地燈、立燈或邊桌，就能讓視覺顯得和諧。如果不想這麼麻煩，最穩妥的做法是左右對稱擺法、三三四四原則的不同變化擺法以及以下幾種變化式：

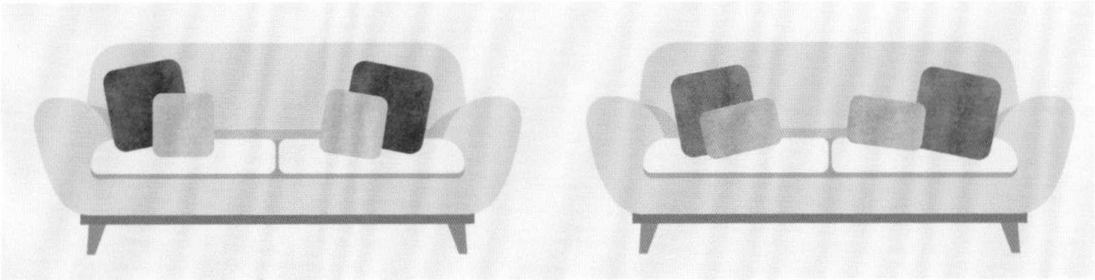

**四四均衡式**　以左右對稱的一大一小，前後花色色系一致為原則，創造出沙發的平衡寧靜感。

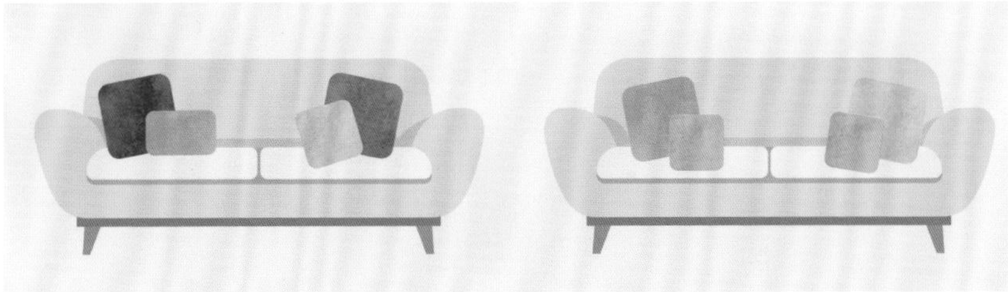

**四四變化式**　變化方式是將後方大抱枕變化成左右2種不同顏色，但尺寸保持相同；前方小抱可以同色同尺寸或是異色異尺寸，創造沙發區的層次與活潑感。

**三三創意式**　在生命數字裡，3是創意的代表，運用在空間裡則能創造出三角平衡、在不協調中有特殊的美感，是進階版的嘗試，能夠打造出專屬的個性美！你可以左右各配置一顆同色同尺寸的抱枕，中間搭配一顆長條形或長圓形特殊花紋抱枕；或者，乾脆就三顆抱枕完全不同尺寸不同顏色吧！就像畫家揮灑創意般無拘無束、趣味盎然！

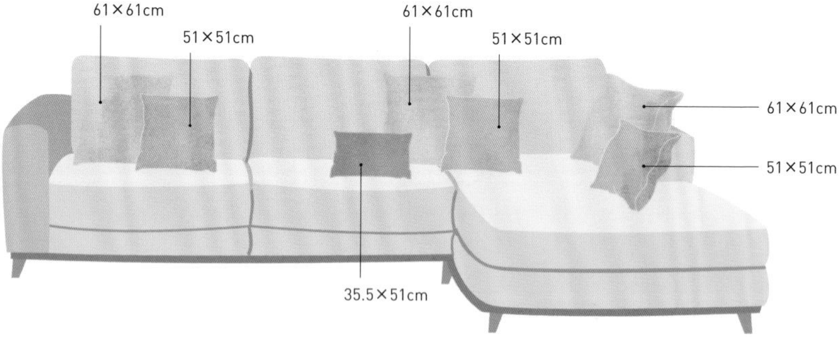


## STYLE 2 L型沙發

L型沙發可以變化出更多不同擺法，尤其在靠近L型轉角處，可以一次擺放3顆抱枕，保持左右各2的原則，算是一字型的擴大版變化式。後方大抱枕可以有些花色變化，前面小抱枕則以單色為主，還可擺放更小的抱枕於前方，創造多層次變化。放在L型沙發的抱枕們建議選與沙發同色調，如以一來就能創造出和諧而寧靜的美感。

## ② 臥室區

第二個最常見抱枕的地方就是臥室了。除了枕頭決定一夜好眠與否，人們也常在睡前看書滑手機，所以光是睡眠枕還不夠，這時候你需要裝飾枕助你一臂之力！另一方面，把床鋪好也會令人心情愉悅，一進房就有放鬆的舒適感。

以下幾種裝飾枕結合睡眠枕的擺法，採三層堆疊為原則，睡眠枕置中然後依床的尺寸變化裝飾枕的數量，請都試試看哪種最得你心！

圖片提供：寬庭K'space

## 小床層次擺

**如果你的床是Queen Size，可採用直式推疊，在左右枕頭後方各放上一顆歐洲枕，會讓你靠在枕頭上時更加柔軟舒適，若能再加上長型抱枕於最前端，就能產生一種畫上ending的平衡感。**

| | |
|---|---|
| EURO PILLOW | 64×64cm |
| QUEEN POLLOW | 51×76cm |
| ACCENT Lumber | 35.5×91cm |

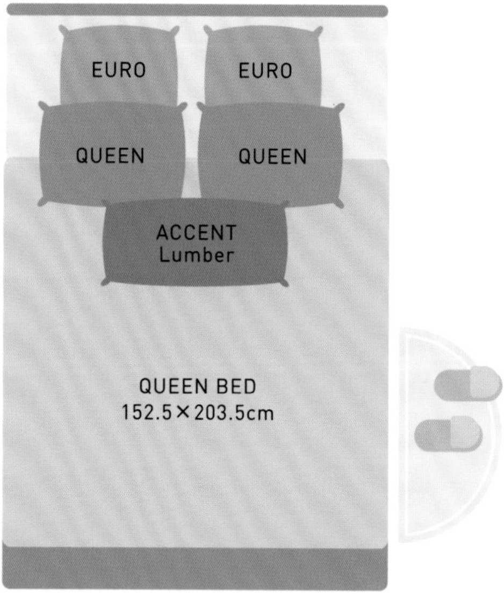


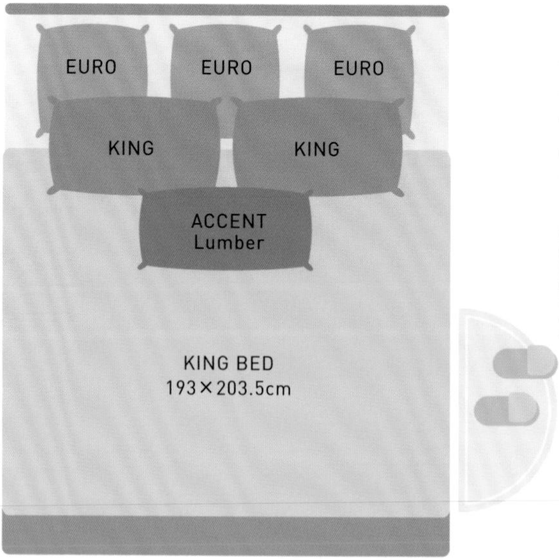


## 大床優雅擺

**如果是King Size床就可採橫向發展。在枕頭後方一次放上3顆歐洲枕，前方同樣以長型枕頭做ending，因為枕頭的面積更寬了，感覺也跟著愜意起來。**

| | |
|---|---|
| EURO PILLOW | 64×64cm |
| KING POLLOW | 51×91cm |
| ACCENT Lumber | 35.5×91cm |

## 大床層次擺

同樣以3顆大歐洲枕置於枕頭後方，前方改以陳列多顆小歐洲枕，這麼一來床上抱枕的數量瞬間變多了，不管是置身其上或是視覺上都能感受到厚實豐沛的感覺。

EURO PILLOW
64×64cm
KING POLLOW
51×91cm
ACCENT Lumber
40×40cm

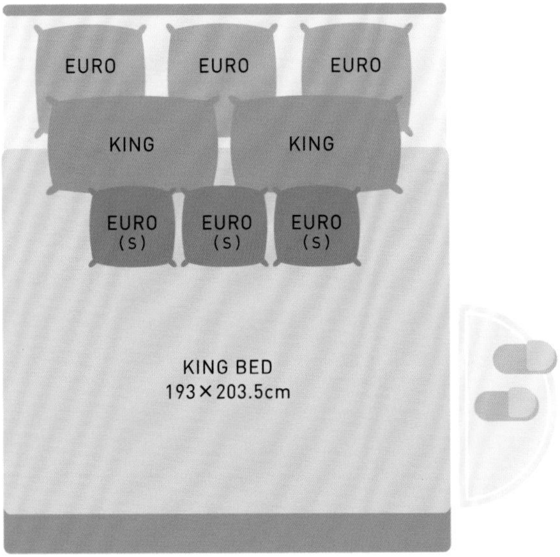


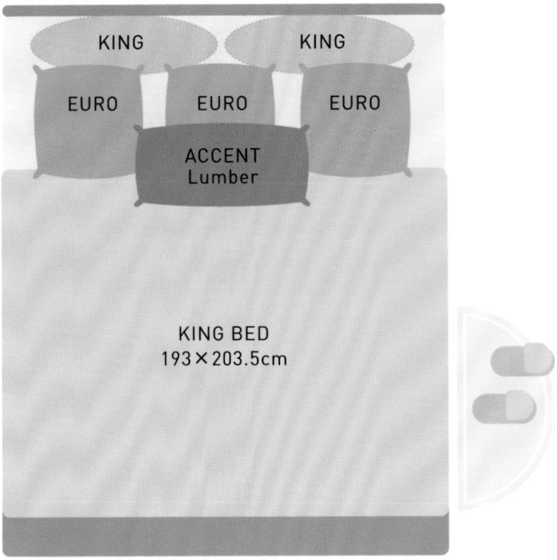


## 大床氣派擺

想要營造出皇室般大器氛圍，可將枕頭往後放，前方3顆裝飾枕就成了主視覺，最前方同樣以長型抱枕收尾，看似簡單的擺法卻能突顯抱枕套的圖樣，讓空間更有故事性。

EURO PILLOW
64×64cm
KING POLLOW
51×91cm
ACCENT Lumber
35.5×91cm

# 軟實力入門指南
## 三款披毯擺放法

關於披毯的裝飾性，對許多人來說應該是鞭長莫及的一個選項，畢竟硬裝就已經夠頭疼了，家具、沙發、櫃體、燈具等軟裝們也不是省心的事，不就是一條毯子而已嗎？還需要如此費心嗎？尤其台灣媽媽常看不慣披毯「自然」的掛著，一定要把它們摺好摺滿、非常整齊的放好才滿意。

但千萬別小看這條「毯子」，它就像腮紅，看似不存在卻能大大提高空間的美感，而且絕對實用！

當你選擇單色款式的沙發時，繽紛的披毯能使空間看起來更有層次，再加上自然懸垂的質地，可為空間帶來舒適與時尚感。從實用面來說，天冷時披毯也是不可或缺；一踏入秋冬，它可以提供溫暖的包覆，輕柔的披毯是最理想的選擇，近在咫尺隨手可得，讓人在家裡更慵懶放鬆。

圖片提供：Charlotte May@Pexels

只要懂一點披毯使用小魔法，當你使用時，它就是一件保暖物品；不用時，它是一件可點綴並豐富沙發的擺件，透過不同折法與擺放位置，就能讓空間變美又不凌亂了！

圖片提供：D&L 丹意信實集團

## STYLE 1 今天心情很務實：規矩版

將披毯十字對摺放置在沙發椅背後方或座墊上，會讓人感受到放鬆，又不致於凌亂。

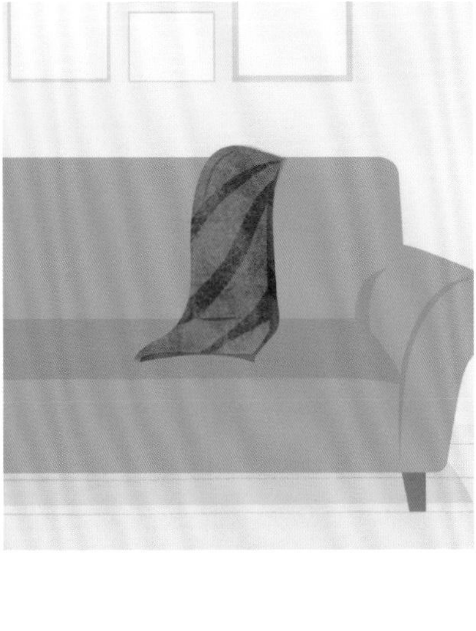

## STYLE 2 今天心情很愜意：隨性版

將披毯隨手掛在沙發椅背後方或座墊上，就能呈現輕鬆悠閒的味道。

圖片提供：寬庭K'space

STYLE 3 **今天搞點小叛逆：搞怪版**

將披毯平放在沙發椅背或座墊上，甚至床上也能如此deco，上方再堆疊幾顆抱枕，就更有層次感了。

# PLANT
# 植栽
## 引發空間關鍵的活力

圖片提供：D&L 丹意信實集團

每天生活的居家空間，就是要呈現一種待再久都不想走的氛圍，除了裝潢的美感，還要會呼吸的生命力！擺上讓人身心舒適的植栽，立刻煥然一新，不只視覺上帶來清新的感受，會呼吸的植栽更兼具多樣功能，在五感上有新的生命力！

再加上現代人生活步調緊張，常需面對噪音、空氣汙染及種種生活壓力，多數人都盼望能回歸自然，以舒緩情緒、調節身心，在室內擺設綠色植物，就是最好的解方！

圖片提供：D&L 丹意信實集團

## 植栽空間 功能大清點！滿足家氛圍與空氣感

植栽有兩大功用，一是可以達到空間美化的效果，二來是植栽可以解決居家環境的毒害問題，為空間增添生氣外，又兼具實在目的。基本上，所有植栽都能達到舒緩情緒的效果，增加空間芬多精，重感官情緒的你，可先挑選一個一見就喜歡的植栽，放在對的位置，再來考慮是否有特殊功能的植栽可替換；如果並不特別重視感受，那可先找到想要的植栽功能，再根據植栽的外型來決定。

### 植感1 如果你是氣氛至上

那就從眼球感受入手，先決定喜歡的植栽要多大，要放在哪個位置，如果植栽也符合你想要的功能，那就十全十美了。多數人挑選植栽其實就是第一眼，喜歡，就帶回家，但其實植栽要多大、放哪裡，和家具一樣是很有學問的！擺對位置，美感大大加分！

## POINT 1 解救空間死角，非植栽莫屬

如果你喜歡層次分明的空間，不妨在家中的空角落放入綠色植栽。最好可以選擇中型約莫65-110cm高的綠色植栽，運用植栽的高低擺放，創造空間的層次感。採用三盆擺法，大中小的植栽擺放法是最不會出錯的，將最矮小的擺放在最前面，中等的放在斜後方，再將最高挑的放在最後位置，錯位擺放法可以讓綠植看起來更有層次。但植栽外型最好是相似甚至相同的款式，才不會有雜亂的感覺。

如果沒有空間放置三大盆植栽，角落善用乾燥花也可以創造絕妙美感。籃子會是你的好朋友，上面可以用一些乾燥花點綴，裝飾你的小角落，它會使你心情美美的。尤其空間如果是北歐風或新美式，一個簡單的籃子加上乾燥花，更能創造優雅休閒氣息。

**關於植栽**

## 乾燥花的好處

- 保存良好可長期維持花形1、2年而不損壞。
- 某些特殊花種與葉種會留有本身獨特的香氣。
- 款式選擇多，有別於真花真草不同的視覺享受。
- 完全不需澆水，節省照顧心力。

圖片提供：
（上）寬庭K'space
（下）владимиргладков@Pexels

## 客廳植栽推薦——虎尾蘭、巴西木

如果有一個大盆栽，就很適合客廳的角落，客廳角落區常不知道如何運用，擺放一株落地大植栽可以增添空間豐富度，也在視覺上大大加分。我很推薦兩款室內大型室內盆栽植物——虎尾蘭（Dracaena trifasciata）跟巴西木（Dracaena Fragrans）。要將落地的它們搬入室內頗費勁，畢竟尺寸真的不小，不過讓它們成為客廳／玄關／餐廳角落的常客，一定不會令你失望。許多植物需要很多陽光，但虎尾蘭跟巴西木不僅適合室內、還可以忍受乾涸的環境（如果不小心忘記澆水就不用太焦慮）；如果不施肥則增長得相當緩慢，所以不用擔心植物變形。巴西木有著闊大的斑葉，金心的品種最常見，造型優美，株型好看，也是最優秀的室內大型盆栽之一；同時也比較耐陰、耐旱，喜歡散射光和溫暖的環境，不需要經常澆水，非常適合台灣的氣候。

## POINT 2 植栽就是最好的掛畫

小盆栽們掛在牆面上，可以讓空間的立面看起來更精采，有別於一般綠植更能營造出閒淡、雅致的居家氛圍，非常適合北歐風及日系風格的搭配。

不管採用哪種配色方案、設計風格、個性裝飾或流行混搭，植物都是全能小幫手。不論是新手還是老手，使用植栽，絕不會讓空間扣分；而多為綠色的植栽，永遠不會與其他顏色衝突、又能中和空間調性，使空間達到和諧的效果，是好用又流行的小物。換句話說，如果害怕空間太過於無趣，將空間注入些綠化植栽絕對是一個理想的解決方法，而通常植栽是大多數人都喜歡的，完全不必擔心。

圖片提供：品蘷空間設計

## POINT 3 牆面、天花板就是森林系

如果你不喜歡掛畫或者在牆面上有過多人工的壁面裝飾時，植栽就是一個很棒的選擇；甚至，大器一點的可以選擇整面綠色植生牆。植生牆是這兩三年來很流行的表現，有了它等於給了家一片森林。感覺是不是清新又時尚？不妨在家也這樣做！

除了牆面，也可運用在天花板，重點空間以陽台或是客廳為主。如果你喜歡有點牆面層次變化，不同種類的植栽就能創造出不同自然氣息。一般懶得照顧植生牆的人，我會建議用仿真系列的植生牆，在日後整理上來說可以省去很多麻煩，細節在於在安裝整片仿真系列的植生牆時，須考慮到牆面負重的問題。若喜歡天然的植栽組成的植生牆，則需要考量給水方向、水流、日照及排水問題，上述提到的這些都會造成植栽本身枯萎、發霉或者腐爛，如果沒注意到這些細節，那麼原本美美的植生牆日後可能就會走鐘了。值得留意的事，如果想要解決這些問題，你需要諮詢的對象將會是專業綠牆廠商而非園藝師喔。

## POINT 4 中小型盆栽 增加空間美感層次

不管是餐桌、茶几、邊几、邊櫃或矮櫃上放上一盆植栽立刻就有清新的感受，空間中任何小角落都適合擺上一個小植栽，當然搭配木質或竹編容器再放上幾株植栽，就更能創造豐富多層次的美感。大型盆栽建議落地放，中型可以與櫃體或邊几互相搭配，小型則適合放在桌面或檯面上觀賞。

圖片提供：Crate & Barrel

圖片提供：喜的精品燈飾

Case Study 123

## 1 櫃上留2分空間，用綠植收尾

誰說陳列架／櫃體／收納櫃只能承載書本、裝飾品或收藏？當把書本或裝飾品上架至櫃體八分時，可以運用植栽將其餘兩分填滿，綠葉們絕對可以帶來另外一種清新感受。每一個空間幾乎都少不了櫃子，用黃金葛、迷迭香、百里香、白粉藤等成為櫃子收尾時畫龍點睛的裝飾。

## 2 枯枝草枝擺設，創造意象美

擺枯枝有別於一般綠植更能營造出閑淡、雅致的居家氛圍，非常適合北歐風及日系風格。擺設枯枝需要一件古樸的容器，陶瓷器最為合適，如果表面是消光效果更能襯托枯枝的美。枯枝自帶殘缺之美，它帶給我們與其他綠色植栽不同的感覺，它可能代表樸素、寂靜、個性與原生。

## 3 水耕清透好植感

水耕植物是近年來很受歡迎的綠植，除了種植方便外，看起來也格外透心涼，夏季可以讓空間加分不少。家裡有些玻璃花器的話，很適合使用水耕植栽。只要切下枝葉插在水中就長出根鬚的水栽植物（水耕栽培），是一種不用土壤種植植物的方法，還可以觀賞根部的生長藝術。由於不使用土壤，相對容易照顧且較為乾淨。建議水耕栽培可以挑選春天或秋天開始種植以減少失敗機率，只要花器內維持乾淨的水、保持通風，水耕們可以活得健康又美麗！

圖片提供：（上）IKEA；（中）Crate & Barrel；（下）IKEA

## 植感 2 如果你是功能至上

先挑選想要的功能性，再從中找到外型適合空間美感的植栽，也是一個不錯的切入點。植物不僅可以美化室內空間，許多科學研究顯示，栽培植物有助於放鬆心情、減少壓力與疲憊感，具有改善室內落塵及淨化空氣的功效。

室內空氣汙染物主要來自於家具、地毯、電器設備、窗簾帷幕、絕緣材料、油漆甚或建築材料等所釋放的揮發物質，室內擺設植物可減少落塵、二氧化碳及有機揮發物質（VOCs），抑制微生物，維持空氣濕度，可使日常活動空間更為舒適、健康。

龜背竹

### POINT 1 打擊空間的罪犯：落塵

居家環境中落塵來源有吸菸、外來空氣、密閉式煤油加熱器、火爐、壁爐、家具、住客活動、窗簾、地毯、隔熱隔音材料、通氣系統、家電設備等，植栽能有效吸附落塵，有效對付健康空間的通緝四要犯之落塵。

**※葉片滯塵量排名前五名的室內植栽：非洲堇、鐵十字秋海棠、皺葉椒草、大岩桐、薜荔。**

## POINT 2 吸收二氧化碳，創造好空氣

大部分綠色植物在行光合作用時可減少室內二氧化碳累積量。室內二氧化碳來源主要為人類呼吸，隨著室內人數及所待時間增長而逐漸累加，若環境通風更不良，更會造成二氧化碳濃度增高，二氧化碳濃度過高時易產生頭痛、嗜睡、反射減退、倦怠等症狀，降低工作效率。

**※在二氧化碳濃度達1000ppm以上仍可進行光合作用的植栽：波士頓腎蕨、印度橡膠樹、非洲菊、聖誕紅、心葉蔓綠絨、袖珍椰子、吊蘭、龜背芋、白鶴芋等。**

## POINT 3 過敏源的有機發揮物質，拜拜！

有機揮發物質（VOCs）是室內空汙最主要來源，家庭或辦公室中常使用的建材、家具、裝飾物、除臭劑、清潔劑、圖畫、膠布、窗簾、地毯、噴霧罐、建築材料及修正液等均可能釋放化學物質。長期接觸下會刺激眼睛及呼吸道系統，造成皮膚過敏、疲勞及注意力不易集中。

**※常用可降低有機揮發性物質的植栽：虎尾蘭、紫海棠、常春藤、粗肋草、波士頓腎蕨、銀線竹蕉等。**

虎尾蘭

圖片提供：Crate & Barrel

象腳王蘭

## POINT 4 空氣汙染甲醛也能消滅

甲醛是一種刺激性氣體，為室內最常見的空氣汙染毒物之一，常出現於日常用品如垃圾袋、面紙、布料、地毯等，也常用於建築材料，如鋪地材料、嵌板、塑合板等，及香菸中。長期接觸低劑量甲醛亦會引起慢性呼吸道疾病、鼻咽癌、結腸癌、腦瘤、細胞核基因突變等。

**※常用可移除甲醛的植栽：虎尾蘭、波士頓腎蕨、象腳王蘭、非洲菊、羅比親王海棗和綠葉竹蕉等。**

## 空間和植栽

### 空間vs.植栽功能大解析

| 空間 | 植栽款式 | 建議植栽 | 功能 |
|---|---|---|---|
| 玄關 | 落地款、檯面款 | 落地可擺放馬拉巴栗、秋海棠、盆菊等。檯面可擺放中小型之長壽花、大岩桐、非洲堇、嫣紅蔓、白網紋草、薜荔等 | 滯塵 |
| 客廳 | 檯面款 | 非洲堇、觀賞鳳梨及仙客來 | 淨化空氣 |
| 餐廳 | 落地款、檯面款 | 建議擺放白鶴芋、竹蕉、袖珍椰子、虎尾蘭、火鶴花、竹芋、合果芋、聖誕紅等小盆栽 | 淨化空氣 |
| 廚房 | 落地款 | 馬拉巴栗、嫣紅蔓、波士頓腎蕨等 | 淡化落塵、甲醛和二氧化碳 |
| 書房 | 檯面款 | 袖珍椰子、常春藤、檸檬千年木、竹蕉等 | 淡化甲醛、苯類和三氯乙烯 |
| 浴廁 | 檯面款 | 蔓綠絨、黃金葛、虎尾蘭等 | 淡化浴室中氨、二甲苯及甲苯 |
| 臥室 | 檯面款 | 蔓綠絨、波士頓腎蕨、常春藤、長壽花、蝴蝶蘭、虎尾蘭等 | 淡化室內甲醛、二氧化碳 |
| 陽台 | 落地款、檯面款 | 常春藤、吊蘭、黃金葛、心葉蔓綠絨、波士頓腎蕨等 | 減低二氧化碳濃度及甲苯 |
| 辦公室 | 落地款、檯面款 | 竹柏、羅漢松、蝴蝶蘭等 | 可逸散揮發性有機物與灰塵 |

## 6 種超好養植物推薦！

### 好養 1 虎尾蘭

是公認的天然「空氣清道夫」，在約3.3坪空間內，能吸收空氣裡80%以上有害氣體（如苯、甲醛和三氯乙烯）和重金屬微粒；夜晚吸收大量二氧化碳，釋放氧氣，同時產生比一般植物高出30倍以上的負離子，能促進人體的新陳代謝、活化細胞功能。耐旱耐陰，不愛潮濕，半個月給水一次就可以活得很好。全天候釋放氧氣的特性有效降低室內二氧化碳濃度，還具備除氨臭功能，特別適合擺在廁所。

### 好養 2 天堂鳥

帶點熱帶風情，喜歡濕潤溫暖的生長環境十分適合台灣，生長週期很長，只要半日照、土乾了再澆水即可。

### 好養 3 圓扇蒲葵

不宜日光直射，正適合擺放在室內。葉片翠綠帶有光澤，可替居家增添綠意。

### 好養 4 散尾葵

顏色較偏黃綠，喜歡濕潤、通風的半陰暗環境，適合採光不足的室內空間。

### 好養 5 橡皮樹

四季常青觀葉植物，葉片大又油亮。喜歡陽光但也耐陰，對光線適應度廣；土乾再澆透，保持葉子濕潤即可。

### 好養 6 龜背竹

耐陰植物，勿直接日曬會灼傷葉片；澆水寧可乾也不要過濕，對甲醛和二氧化碳有超強吸收作用，對改善室內空氣品質、提高含氧量有很大幫助。

圖片提供：IKEA

散尾葵
虎尾蘭
橡皮樹
天堂鳥
龜背竹
圓扇蒲葵

# FRAGRANCE

# 香氛
## 給風格一劑致命吸引力

圖片提供：北歐櫥窗

如同個人穿搭，空間風格也需要五感整體考量。當空間擺設完成得差不多時，但你仍有種莫名的虛空感，就如同沒人住的空房子、沒有生活的痕跡，此時，就需要從五感著手，除了視覺的創造，若能在嗅覺上下功夫，空間將會更顯魅力！

如果你家是個性工業風，加上一點脂香味的淡淡沉靜香氣，將讓空間變得更有質感；如果是帶點日式禪風，點上一柱線香，豈不更風格獨具？這就是香氣的魅力，讓空間詮釋出居住者個性的同時，也讓整體風格更有味道。

因此，香氛絕對是影響空間辨別度的重要一環，甚至是關鍵的最終定調。它不一定是空間擺設的必需品，但卻可以錦上添花，調節居住者的情緒、改變我們的心理感受、讓人在空間裡更融合更自在，當然也能感受到主人獨特的風格品味。

## 氛圍篇

# 六大類精油讓香氣成為你的風格

有了香氣加分，將會讓空間呈現更多生命的感受性。當然，讓空間有「味道」的方法有很多，你可以買一束有香氣的花、點上喜歡的蠟燭，但對於忙碌的現代人來說，精油絕對是一個便利且療癒的選擇。

精油所散發出的氣味，直接深入副交感神經，不僅讓人在空間中感覺舒適，更能讓身心與生活都感到愉悅。

簡單來說，精油透過空氣散播氣味分子，人體藉由皮膚或鼻腔吸入這些氣味，經由神經傳導後大腦便開始翻譯成各種情緒，例如這個味道讓他想起某一個回憶或某一種情景，因而產生讓人放鬆、靜心、愉悅等等各種情緒。有些精油也有淨化空間的感受，例如茶樹與香茅就很適放在浴室，給人清爽的氣息；柑橘類讓人心情愉悅，就很適合放在餐廳，促進談話與食慾。但氣味其實是很個人主觀的，所以擺放空間建議參考就好，還是以個人喜好及習慣為主。

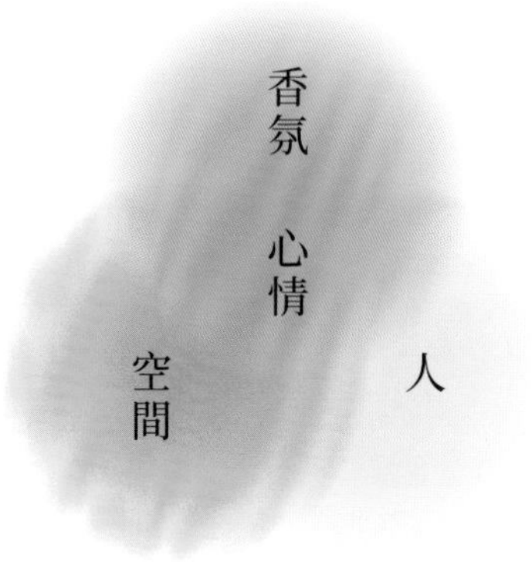


有些調香師會將精油區分出類別或調性，這些類別或調性下又可分成前中後調，不過，嗅覺是主觀的，每個人的判斷與認知都不盡相同，但我們可以透過基本分類對精油有初步了解，可依據空間風格來選擇適合的味道。

## 六大類精油 vs. 空間與風格

精油可分為以下六大種類，除了記住學術性知識外，請務必一一去試聞，就能找到適合你空間風格與個人喜好的香氛。

類別 | 對應精油

### 樹脂類 / 樹脂調

適合風格 工業風、現代風　適合空間 廊道、書房

樹脂類香氛通常能讓人安神與沉靜，甚或帶一點辛香料或類似麝香的氣息，豐富變化的層次，能為個性風空間帶來些微暖調質地，不致於為空間帶來太強烈的干擾，寧靜中帶著些許豐厚的質地。

- **中調**：欖香脂
- **後調**：沒藥、乳香、白松香

### 木質類 / 木質調

適合風格 日系風、工業風　適合空間 書房、客廳

木質調香氛給人如同漫步森林般的清新感受，同時散發出淡淡木頭香氣，非常適合強調融入自然的木藝空間。其香氣具穿透感，後調的廣藿香與檀香則增添東方神秘氣息。

- **前調**：尤加利、松針
- **中調**：絲柏、杜松、肉桂
- **後調**：雪松、廣藿香、檀香

### 草本類 / 草本調

適合風格 北歐風、日系風　適合空間 浴室、廁所、陽台

草本調香氛給人綠葉般清新感受，與植栽有相得益彰的功效。尤其是香草類香氛，更有提振精神與安撫神經的作用，在風格的提點上，對於喜愛清新北歐風與自然質地日系風空間有絕對加分效果。

- **前調**：羅勒、冬青
- **中調**：百里香、月桂、香茅、鼠尾草、芫荽、歐芹、馬鬱蘭、薄荷、迷迭香

### 柑橘類 / 柑橘調

適合風格 新美式、當代風　適合空間 客廳、廚房、餐廳

柑橘調香氛素有讓人開心的神奇妙用，甜美微酸的香氣，讓人沉浸在愛的氛圍中。適合喜愛帶點鮮明色彩的北歐風，不僅能為空間帶來清新提亮的效果，更在嗅覺上給人清甜的療癒感受，連心都亮了起來。

- **前調**：佛手柑、柚子、檸檬、青檸、柑橘、甜橙、紅柑
- **中調**：山雞椒、檸檬草

### 花香類 / 花香調

適合風格 輕奢風、現代風　適合空間 臥室、床頭櫃、更衣室

讓人放鬆的薰衣草與玫瑰都屬於花香調，非常適合私密空間的臥室，充滿陰性溫柔氣息，淡淡的甜美也讓人感受到慵懶。切忌選擇過於濃郁的花香調，纖細優雅的質地才能讓人放鬆身心。

- **前調**：薰衣草、苦橙花
- **中調**：花梨木、玫瑰、天竺葵、依蘭、洋甘菊
- **後調**：臘菊、茉莉

### 藥草類與香料調

適合風格 日系風、現代風　適合空間 入口處、玄關櫃或鞋櫃內

帶有獨特香料或藥草的香氛，很適合想強調情調的日式空間，如帶有些微嗆感的生薑與茶樹，就像給空間調味。帶點後勁的獨特藥草與香料，很適合現代風空間使用，能為空間帶來獨特的氣息。

- 藥草類／香料調：當歸、茶樹
- 香料類／香料調：生薑、茴香

### 香氛使用禁忌請筆記！

香氛具特殊功能，如果家中有孕婦、小孩、寵物，要特別留意禁用以下香氛。

長者
○ 薰衣草
× 肉桂、丁香等刺激味道

孕婦
○ 柑橘類（只能淡香）
× 全部

孩童
○ 柑橘類（只能淡香）
× 太強烈的味道

寵物
因寵物的類別不同，使用時請諮詢專業人士

圖片提供：北歐櫥窗

## 工具篇

# 六款香氛器為空間再加分

功欲善其事，必先利其器，香氛器具外觀不僅要好看，功能與使用時刻也是很關鍵的考量。市面上有許多不同類型的香氛器，哪一種比較適合，與空間的大小、濕度與季節有關，再加上，同樣的精油在不同器具下會釋放出不同韻味，所以最好根據空間條件選用適合的香氛器，才能讓香氛效果發揮到極致！以下就市面上最常見6種香氛器，依不同空間、季節、環境條件建議各自適合的香氛器。

圖片提供：寬庭美學

## POINT 1 如果空氣比較乾冷，空間比較小

香氛能否讓身處其中的人們有感，香氛器的擴散範圍有決定性的影響。擴香竹運用的是毛細原理，自然擴散的範圍就有限，而水氧機原為歐美氣候乾燥國家為空間加濕之用，加入精油後噴出水霧等於稀釋了精油的味道，因而小空間較為適合。再加上兩者皆是香氛液直接擴散於空氣中，間接地增加了空間裡的濕度，對於海島型氣候偏潮溼的台灣來說，夏天、乾冷的冷氣房小空間，就很適合使用水氧機與擴香竹。

## OPTION 1 水氧機

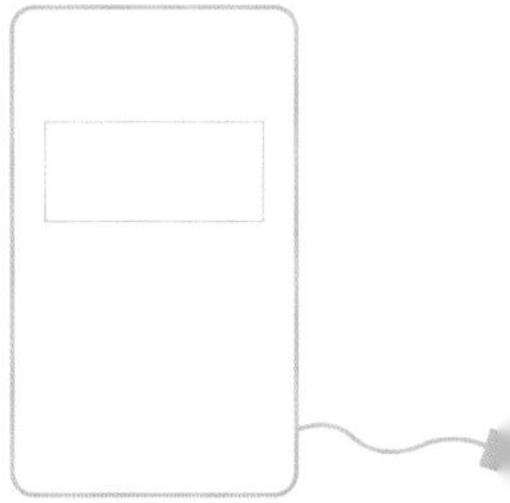

水氧機的媒介就是水，原本的功能是為室內加濕，在歐美、日本、韓國等較乾燥的國家廣受歡迎，後來為了增添香氣，才讓水氧機與精油結合成功，成為日益普遍的擴香工具。

水氧機每小時揮發80-100c.c.的水，擴香功能比較有限，通常愈靠近水氧機的位置味道愈濃，反之則香氣愈不明顯，因此適合空間較小的地方。

**建議環境** 乾冷的秋天、夏天較乾冷的冷氣房

**適合空間** 2-5坪

**黃金位置** 冷氣口、客廳邊櫃、有靜電區

**注意事項**
- 使用水氧機要注意環境，不然容易使室內更加潮濕、滋生細菌、加速塵蟎繁殖、危害身體，房屋也容易產生壁癌。
- 記得使用品質良好的精油，更講究的連水的品質也都要重視。
- 每次用完記得輕刷水氧機，否則精油容易殘留在機器底部震盪片上。常清先可延長水氧機壽命外，水霧的香氣也不會落差太大。

## OPTION 2 擴香竹

擴香竹是近來頗受喜愛的一種香氛器具，它是利用毛細現象讓竹枝透過沾浸精油後釋放出味道，因此特別適合較乾冷的天氣，夏天則可放在空調出風口，讓香氣擴散得更好。空間坪數越大，需要較多竹枝，竹枝支數越多，擴散坪數越廣。不同瓶裝容積大小可使用的時間不同，平均100ml可以使用一個月左右。

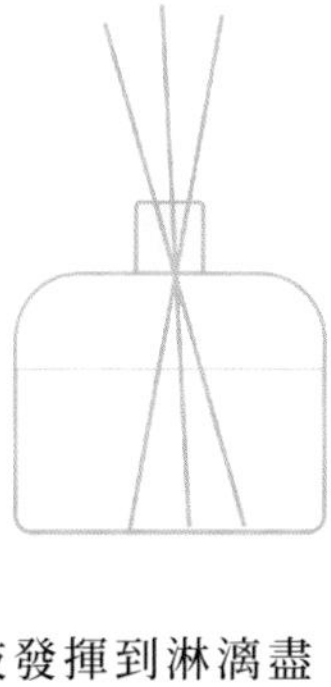

**建議環境** 較小坪數空間

**適合空間** 5-12坪

**黃金位置** 通風處或空調出風口附近

**注意事項**
- 添購好品質的竹枝是重點，定期更換可保氣味常在。
- 如果懶得更換竹枝，還有一招可以讓原有的竹枝發揮到淋漓盡致。當沒味道時，可以將竹枝翻轉過來，將沾浸的那頭朝上擺入瓶內，這樣又可以使氣味再維持一陣子。
- 香氛液的品質也很重要，以成分天然的香氛液為佳。

## POINT 2 如果天氣比較濕冷，空間比較小

在冬天濕冷的環境下，帶有燭火與燈光的香氛器，可適時給予溫度的支持。

圖片提供：寬庭美學

### OPTION 1 蠟燭

蠟燭是最普遍的香氛器，分成石蠟和大豆臘。大豆蠟環保無毒且純天然，常用玻璃容器裝盛；相對來說，石蠟的環保性和健康性都較低，市面上看到的裸蠟燭大多是石蠟蠟燭。近年也有將大豆臘與精純椰子油混合，使低溫蠟油可直接當乳液擦抹身體，保濕效果極佳。平均200公克蠟燭可以燃燒45-50小時。

**建議環境** 濕冷的冬天

**適合空間** 3-8坪

**黃金位置** 避開風向直吹的任何空間

**注意事項**
- 燃燒時若燭芯偏倒在一邊，可用長柄器具將燭芯撥正，切記一定要在燃燒時或者剛熄滅時小心撥正，若是在無燃燒狀態下撥動燭芯會導致燭芯斷毀。
- 若產生黑煙，這是因為燭芯太長，可用燭芯修剪器修剪，留下0.5-0.8cm即可。當不想繼續燃燒蠟燭時，建議用燭滅罩熄滅，不要直接吹熄，除了蠟燭吹熄會產生煙刺鼻外，也對人體不好。
- 蠟燭點燃約0.5-1小時就要把燭火熄了，這樣燭面較能均勻燃燒，才不會產生無法平均融化、形成窟窿的狀態。

## OPTION 2 精油燈／擴香石

精油燈通常是透過燈或蠟燭加熱，加速揮發精油的特性。它比水氧機更為乾爽，也可以幫助環境消耗掉一些濕氣，由於它是直接加熱後讓精油霧化，因此精油燈散發出來的味道較為純粹，所以精油品質優劣一用就知道。

微亮的燈或蠟燭給室內帶來溫暖，精油燈的造型很多元，有玻璃也有陶瓷，適合放置在較私密空間如起居室與餐廳。加熱的溫度在攝氏60-90度，缺點是觸摸時須小心避免燙傷。

擴香石因為不需加熱、無需點火，對於有小孩、寵物的家庭來說較為安全。擴香石原理是利用石頭本身細小的毛細孔，當擴香石的濕度高於空氣，香氣便會隨之擴散。優點是便於攜帶且節能安全，缺點就是擴香效果較不明顯。

**建議環境** 濕冷的春冬天

**適合空間** 5-10坪

**黃金位置** 臥室、餐廳、起居室

**注意事項**
- 精油燈每次使用完後需擦乾清潔，再滴入新的精油才能避免加熱不均勻而產生奇怪的味道。至於擴香石需浸泡清水中1-2小時，自然風乾即可再點上新的精油。
- 若是陶瓷精油燈，使用時更需小心，高溫時避免沾碰冷水以免器具破損爆裂。

圖片提供：北歐櫥窗

## POINT 3 如果空間比較大，空氣較為濕冷

如果要讓香氛在超過10坪以上的空間擴散得好，可選擇傳統的線香，或是現代研發的擴香儀，如此才能讓香氣持續擴散、連較遠的角落都能在同樣氣氛中。

圖片提供：北歐櫥窗

### OPTION 1 擴香儀

擴香儀大多是圓柱狀，是非常安全且安靜的擴香器具，沒有燃燒、熱能、水等需求，不使用任何助力或媒介就能完全釋放精油特性，是最能享受純粹天然精油氣味的器具。擴香儀發展日新月異，無論用法如何，都是直接使用精油於機器中。雖然擴香儀價格不斐，但若想享受最純淨的香氣與最原始的精油優點，擴香儀絕對是首選。

**建議環境** 遠離火源即可

**適合空間** 可依不同空間選擇不同大小的機器

**黃金位置** 客廳、餐廳、開放空間

**注意事項**
- 清潔上，只要定期使用少許酒精與內部精油融合後再一起倒出，之後再用少量清潔液清洗即可。重點是不要讓較濃稠的精油沾覆於機器壁管上，味道會因此變質。
- 有些擴香儀搭載間歇時間控制及自動關機設定功能，讓空間迷人的同時也更為安全。

## OPTION 2 線香

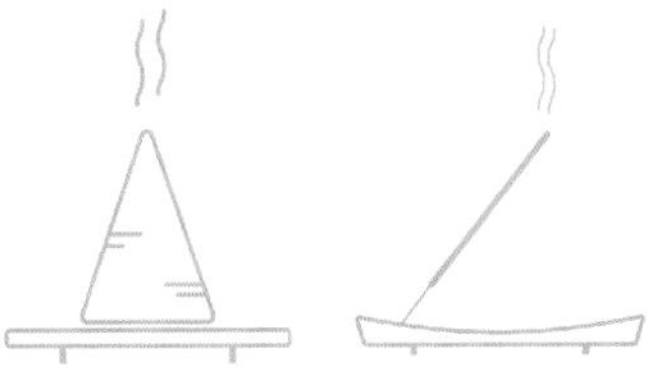

線香屬於元老級的香氛器具，早在元明時期就已經出現了。線香是靠煙氣傳遞香氛，是所有香氛裡香味最持久、且可以快速消除空間異味的香氛，若想要使空間充滿濃郁的氣味，可考慮使用線香。

線香分為原料派及香精派，原料派是來自於真正的香木頭、香草葉，香精則是人工製造。目前線香以日本或印度量產最多，使用上須搭配插香座、香盤、香爐等，這些也都是空間裡的美感道具。燃燒時間須看製香壓成的密度、粗細、長短以及品質而定，1公分線香大約可燃燒2-5分鐘。

**建議環境** 濕冷的春、冬天

**適合空間** 12-20坪

**黃金位置** 書房或臥室

**注意事項**
- 線香味道通常較為濃郁，如果離人太近或不通風的空間很容易造成暈眩。
- 請勿將線香放在風大的位置，煙灰可能四處飄散，造成清潔上的小災難。
- 線香不要存放在過於潮濕的空間，否則會影響線香品質。

**關於香氛，你必須知道的二三事**

**Q 為什麼擺了香氛器卻沒有味道？**

A 那就得擺對位置！擺放空間香氛必須考量到通風系統，如果有好的空氣流通，香氛才能四處飄香。最好的可考慮放在冷氣出風口附近，但不要讓風直吹，這樣有助於空氣散撥，揮發的也不會太快。一般適合擺放的高度是45-120cm。但如果是線香類，切記不要擺放在風口處，可以左右偏移一點，避免風太大把煙灰吹的四處都是。

**Q 為什麼有時點了香氛，身體不太舒服？**

A 香氛不太適合點太久，一天最好只使用1-2小時，並且在使用香氛時記得多補充水分。保持室內通風與循環是很重要的一件事情。切記！不要讓鼻子離香氛器具太近，避免味道過於刺激，造成身體不適。若是使用非天然的香氛，更容易有這樣的問題。

# 4

# 風格師給你的空間施作與剖析

CASE 1 硬裝MUJI風+軟裝北歐風，活力感與收納雙重滿足！

CASE 2 以人為本的**個性混搭風**

CASE 3 跟商空學風格——**茶空間**

CASE 4 跟商空學風格——**復古工業風家具店**

CASE 1

# 硬裝MUJI風＋軟裝北歐風，活力感與收納雙重滿足！

- CASE 1 -

# 硬裝MUJI風＋軟裝北歐風

## 活力感與收納雙重滿足！

建物 新成屋　坪數 32坪　用途 自住　預算 155萬

家庭成員 將結婚的夫妻、媽媽、一隻小兔子

空間需求 乾淨、好收納、需實用、跳色

居住者性格 女主人：樂觀、思路清晰、果斷、孝順
男主人：暖男、恭謙、喜愛照相、小幽默
媽媽：開朗、活潑、乾脆、有活力

## 1 需求描述

女主人本身偏好北歐風多一點，喜歡木頭的質地與呈現出來的感覺。夫婦倆與女主人的媽媽從獨棟老屋搬到只有32坪的新成屋，對於搬新家很開心，但想到收納問題就覺得頭痛，因而一開始的風格設定是「新」北歐風且具需備充足收納。

隨著逐漸了解屋主一家人，發現他們三人對色彩的敏銳度都很高，女主人喜歡淡紫藕色、媽媽喜歡淡綠色，男主人則喜歡女主人喜歡的任何東西，我讓他們選擇自己喜愛的顏色放在屬於自己的空間裡，公共空間則由三人共同投票決定。

收納是這個空間需要克服的問題，畢竟這跟北歐開放式空間有點不同，對了，還得要幫一個小萌寵兔子找一個專屬於牠的地方。

### 帶入新家的物件設備 check list

在設計溝通初期，屋主不妨思考有哪些物件設備、家具會從舊家遷移至新屋，將這些物件與尺寸、數量等羅列下來。一方面可以讓設計規畫更精準，一方面也知道還有哪些設備家具需要進行採購，設計師也可以透過這張表格，協助風格選配。而自己也可以更清楚思考哪些要買，那些可以省略。以下便是屋主會帶入新家的物件清單：

Before 空間模樣

| 既有家具 | 尺寸 | 數量 |
|---|---|---|
| 大電視 | 138×80cm（面寬×高） | 1組 |
| 小電視 | 96×56cm（面寬×高） | 1組 |
| 音響箱 | 32×34×119cm（寬×深×高） | 1組 |
| 機器設備組 | ●43×20×4.5cm<br>●42×21×5cm<br>●42.5×34×7cm<br>●47×38×15cm（寬×深×高） | 共4組 |
| 床墊 | 190×156cm（長×寬） | 2組 |
| 按摩椅 | 63×80cm（寬×深） | 1組 |
| 防潮箱 | 40×40×50cm（寬×深×高） | 2組 |
| 冰箱 | 76×74×186cm（寬×深×高） | 1組 |
| 紅白酒 | | 5-10支 |
| 藏品（茶壺、茶杯） | | 數組 |
| 藏品（字畫） | 176×65cm（高×寬） | 1幅 |
| 觀世音菩薩佛像 | 27×25×48cm（寬×深×高） | 1座 |

## 2 腦力激盪

從北歐風的喜好出發，同時也要滿足收納的需求，於是我們開始研究很多不同的收納櫃及儲物空間，最終發現日式收納技巧是我們可以參考的，於是ＭＵＪＩ風就在這時候出現了；而新北歐的用色又比北歐風來得活潑有趣，剛好符合屋主的喜好，我們決定擷取新北歐風與ＭＵＪＩ風的共通特性——自然、輕盈、開放、富有質感及平實好用，成為這個家的雙線風格。

只是，當兩個風格想要一起共同演奏時，你可以選擇一個為主調、另一個是配樂；或者，你也可以選擇琴瑟合鳴的男女對唱。但除了風格本身特色一定要表現出來，更要找到兩個風格的共鳴處及結合點，否則會變成各唱各的。

### 新北歐風特點

- POINT 1 白牆＋局部跳色
- POINT 2 源於自然的輕盈色彩
- POINT 3 線條流暢＋人體工學
- POINT 4 幾何圖騰
- POINT 5 自然材質
- POINT 6 開放式空間
- POINT 7 低懸吊燈

### MUJI風特點

- POINT 1 功能主義
- POINT 2 明亮的光源
- POINT 3 純白牆面和木地板
- POINT 4 簡約且富機能
- POINT 5 淺色木皮

### 特點合併

白牆、局部跳色、功能主義、明亮
淺木、吊燈、簡約、線條流暢

## 3 風格定案

### 新北歐風＋MUJI風

當我們決定將兩個風格搭在一起時，接踵而來的便是取捨問題。混搭最重要的就是比例，比例決定空間的整體調性，於是我們將硬裝設計如天花板、收納空間及固定櫃體採用MUJI風，呈現空間實用的一面；而在軟裝設計如沙發、抱枕、地毯、茶几及椅子等採用了較有活力的新北歐風，呈現空間個性與主人個性的相互呼應。

在沙發背牆貼上淺色木皮，可讓空間更有質感，襯托沙發主色的美。

用玻璃材質將客廳與書房分隔，卻在視覺上不彼此阻隔，表現出開放感。

灰玻展示櫃，用以展示茶杯等等收藏。

牆面轉角處是收納櫃。

收納櫃延伸過來變成餐櫃。

## 配色——跳色處理

公共空間是家人最常相聚之處，顏色配置上，我們讓每個空間都有一個代表色日系風的概念是運用借景的手法讓空間與自然連結，讓室內看起來更有活力。客廳是藍綠色，從情感上來說，藍綠色與樂觀、慷慨、財富與豪爽連結在一起；餐廳是鵝黃色，鵝黃色代表活力、能量與溫馨；書房是卡其色，象徵沉靜、安穩及自然，大地色系總是能給人穩定心情的效果。此外，在這個空間裡我不會選擇透明玻璃，因為玻璃的隱私性效果較灰玻差，灰玻也可以讓空間顏色更搶眼，所以灰玻在這裡是第一首選。

書房

餐廳

## 配件 1 燈與櫥櫃

餐廳空間的燈具，可說是一個和諧的背景音樂，圓形代表圓融和樂，燈罩是由透明、灰玻及茶色構成，剛好與立面櫃體和牆面色系互相關連。但是為了使材質不顯突兀，於是在桌面與櫃體擺設上建議放一些玻璃飾品或容器。

既然這空間最需要的是收納，因此每一個轉角都不可浪費。請木工訂製的櫃體入口牆面是鞋櫃，緊接著收納櫃，九十度轉角後收納櫃一氣呵成延伸成餐廳廚櫃。請木工訂製的好處，是家電收納可以規劃得恰到好處，而每只馬克杯、紅酒杯、紅酒及茶具都能找到屬於自己的角落。

## 配件 2 抱枕、掛飾及地毯

整體硬裝上牆面及櫃體呈現白淨簡約的感覺，為了讓空間表現出這家人的獨特性，我們用豐富的色彩布置整個空間，多彩也象徵生命的活力。

沙發顏色選擇較明亮，因此在抱枕與地毯選了幾何圖形、色塊圖樣來搭配，牆面也掛上多彩球型時鐘。三托盤式圓形茶几象徵三人情感互相支持與陪伴。

沙發顏色是空間的主色調。
抱枕和地毯選用新北歐風最喜歡的繽紛色彩與圖樣，用以烘托出沙發顏色。

Q 如何搭出充滿色彩又不混亂的空間？

A 首先判斷地毯和沙發是否有共同色。如果選了多彩度的地毯，那麼建議沙發色調從地毯顏色裡挑選。像圖片中的地毯有深藍、淺藍、亮藍、寶藍、藍綠、卡其、深咖啡、駝色、白色，所以沙發顏色可以從裡面選一種。

如果想要空間輕盈亮麗可選亮藍或寶藍，想要空間安靜一點可以選卡其、駝色，想要空間沉穩一點則可以選深藍、深咖啡。但建議不要選擇白色，因為白色沙發會和白牆融在一起，而埋沒了沙發的設計感。

## 配件3 木設計

書房使用了大量木家具與配件，除書桌外，收納櫃、層板及木百葉都是讓空間呈現機能性又風格一致的選擇。

木百葉的質感，除了為空間帶來半開放式透視感外，也帶給空間另外一種靜謐感。我個人非常推崇木百葉，當它開啟時空間呈現若隱若現的趣味感，當光穿過木百葉映照在桌面或地面時的光影變化，又是另一種意境；當關閉木百葉時，書房就成了一個不開放的私密空間，可以清晰看見木質紋路，優雅且不失大器。

## 配件 4 **植栽**

植栽除了可以淨化空氣外，也可以為家裡帶生意盎然的氣息。在空間並不寬綽的後陽台，採用小而美的小盆栽點綴室內與室外，不去搶了多彩色塊的風采，讓空間引進更多自然的味道。

## 配件 5 香氛

在臥室我選擇擴香竹當成這個空間的香氛器。空間下段跟天花之間的距離，是用擴香竹的竹枝做一個中段的視覺延伸。餐廳的香氛器選擇蠟燭，不過不是裸蠟，是有玻璃杯的。因為玻璃材質和燈具是一樣的，可以在空間縱向構成材質間的對話，燭火的顏色也可以與牆面和燈具（茶玻）形成同一色系的延續。

臥室 vs. 擴香竹
Reed Diffuse

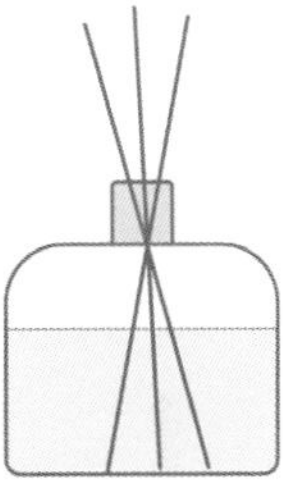

餐廳 vs. 蠟燭
Candle

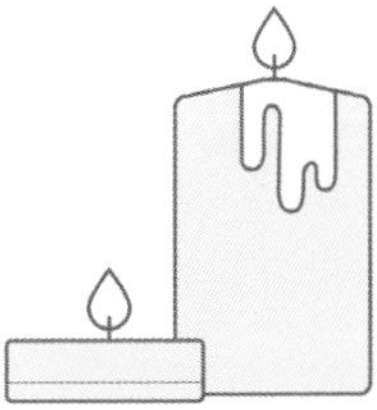

CASE 2

以人為本的個性混搭風

- CASE 2 -

## 以人為本的
# 個性混搭風

建物 二手屋，屋齡五年 坪數 35坪 用途 自住 預算 160萬

家庭成員 夫妻、兒子、三隻貓

空間需求 乾淨、好收納、早餐吧檯、貓跳台、學習房

居住者性格 女主人：開朗樂天
男主人：霸氣總裁
兒子：活潑多才多藝

## ① 需求描述

剛接觸到這個案子時，房子的狀況不太像是才蓋好五年，與屋主現場勘查時發現，原有的裝潢已出現一些狀況，有超齡的現象。經過了解是前屋主使用習慣造成，並非建物本身的損害。此外，前屋主的使用成員、空間需求與視覺美感，也與新屋主均不相同，討論後我們將設計順序調整為兩個部分，先基礎修復，再來創意改造。

關於居家成員，除了屋主夫婦還有一個兒子，此外，還有三隻貓咪，男女主人認為牠們生活習慣也需要考量，才能確保毛孩子也能有寬敞的娛樂空間，畢竟，打打鬧鬧是三隻貓的日常，也是牠們的樂趣。貓咪們與孩子的快樂是屋主很在意的事情。

### 家庭成員需求 CHECK LIST

Before 空間模樣

**男主人** 常使用空間：客廳與書房

沙發是我覺得最療癒、減壓的地方。有時候會放鬆到不小心睡著。至於書房，我常跟老婆說退休後想開間漫畫書店，窩在自己的空間裡，獨享著每一本書裡的故事，這是我能真正做自己的時刻。

**女主人** 常使用空間：廚房與吧檯

為孩子與先生親手做餐點讓我感到幸福。當我在廚房，我喜歡孩子與先生坐在吧檯陪我聊聊他們今天發生的事，吧檯成為我們一家人連結與分享心情的地方。

**兒子** 常使用空間：全空間

女主人說，兒子偶爾會像小猴子一樣機靈活潑的在屋裡亂竄；他也喜歡靜靜閱讀，和做勞作。所以希望能夠給他可以隨意奔跑、以及安靜閱讀的空間。

**貓咪** 常使用空間：廚房與吧檯

希望能讓家中的貓咪在開放空間裡像小獅子一樣追逐與玩耍。如果能夠有一個跳台結合收納，可以窩在裡面睡覺或者偷窺，那可能會很有趣喔！

## ❷ 腦力激盪

關於空間需求，我們從家中三位主要使用共同的喜好——閱讀，開始思考起。

他們分別收藏不同類型的書籍、漫畫與童書；另外，三人還是彼此最好的朋友，一起做勞作、陶藝與畫畫。因此，最能展現居住者個性的地方就是他們的收藏及作品。因此我想提供一個更開闊的空間，讓使用者能夠依據想要的行為去彈性調整空間屬性。

於是，書房成了最需要琢磨及研究之處，因為書房能夠完成多功能的實用性，既可以當作是遊戲室也可以當成閱讀房，最好還有一面可以展示孩子作品的地方，如此一來就克服了空間狹小的問題。此外，保持公共空間的開闊性是必要的，

當孩子與父親玩耍時，可以在屋內奔跑與遊憩，而減少牆體也是解決空間狹小的最佳辦法。

客廳主牆漆上灰色乳膠漆，可以襯托出木皮的質感，也可讓天花板的反射度與反光度保持空間的一致性。

挑選電視櫃體木皮時選了色相為中性色調的白栓木，為的是與原有的金色鋁窗框搭配。

← 3 風格定案

## 以個性定調的風格走向

男主人常把這一句話掛在嘴上：「風格、美感什麼的，我不是很在意，實用且舒適最重要」，因此我們在思考空間調性時，是從顏色和元素著手。一步一步地詢問不同的板材、顏色、造型、元素及材質，哪些樣式讓他們有fu也感到舒適感，並將男女主人所喜歡的樣式加以組合在空間配置裡。最後空間裡所定案的大方向是低調感與簡約感，而這兩個感受合併在一起時，是會讓兩個人都感到舒服的。

因此，所有元素都盡其可能的低調，用最簡單的線條、材質及灰、白色主色為基調，提供一個純淨寧靜的空間。既然不打算從風格出發，也就不需要花時間找尋風格參考示意照作為溝通之用，只需要專注將居住者所在意的空間需求與環境結合就好。

書房也是多功能空間，一旦將拉門敞開就可以與客廳、餐廳串在一起。

沙發色相與書房櫃體色相一致，同時利用灰色明暗度做深淺變化。

## 配色——跳色處理

當坪數不大時，要如何營造出視覺上的擴張度？讓白與灰成為空間主色調，就是讓視覺空間放大的秘訣！搭配不同明度的灰，可以讓空間產生不同層次感，至於大地色則增添了空間的暖度。

過多的白色面積在心理學層面來說會顯得過於夢幻且不切實際，所以餐椅的杏色則成為空間裡絕佳的配角。家具配飾的用色則採偏灰色調性的暗粉色。因為暗粉色彩度較低，跟空間搭配起來也不衝突，反而可以增添空間的玩色性，讓空間看起來活潑許多。

玄關

餐廳

HOW TO USE!

## 反射材質vs.不反射材的運用

想要空間玩出白與灰質感的同時，又不能顯得太單調無趣或者無質感，是一大考驗，除了在灰色明度上要小心思外，白色則藉由材質反射（地板與吧檯）與不反射（沙發與餐桌）的表面特性去成就空間的多樣性。

反射材質可以讓空間看起來更透亮，但過多的反射面會造成眼花撩亂的反效果；不反射材質又稱為霧面材質，可以適度帶出空間的質感，但過多霧面會讓空間看起來太乏味。所以在這兩種材質的比例需謹慎拿捏，才能玩出質地與韻味。

## 配件 1　風琴簾、抱枕及地毯

硬裝設計上，天花、牆面及櫃體呈現俐落與潔淨的感覺，以灰、白為主色調的設計，讓空間有了無限可能性。深色沙發抱枕如同沙發基底的色系，在此家具上有上下互相呼應的整體感。白淨色的風琴簾，讓空間看起來更通透。地毯則選擇了幾何圖形的色塊地毯，搭配穩重色系的灰色沙發。捨棄客廳的茶几是為了讓孩子與貓咪盡情的在空間裡玩樂，同時也可突顯地毯的特色。

深色的抱枕讓空間頓時有了重點、安穩的感覺。

## 配件 2 植栽、配件、木質品

在室內擺上植栽可以讓灰白空間增添更多生氣。落地式的虎尾蘭是將地面貫穿至壁面視覺的小幫手。另外，在各式櫃體擺上不同品種的小植栽，也能增添空間多樣性。櫃體較有造型時建議選擇較簡單的小盆栽，若是櫃體造型較為簡單，則可搭配姿態較開散或者具造型的植栽。這個空間只要搭配不同明暗度的灰色配件或配飾，就可以讓空間看起來很有趣。因為灰色就是這空間的主色調啊！木質品的色調考量灰色調的木皮會更為和諧。

## 配件 3 精油燈與擴香

在書房裡選擇擴香竹當做此空間的香氛工具。空間下段跟天花之間的距離用擴香竹做中段的視覺延伸，漂亮的擴香燭瓶身，也可以當成漂亮的裝飾品呈現。

客廳香氛工具選擇用精油燈或擴香石。精油燈散發出來的味道較為純粹，當精油燈加熱至60-90°C時，不僅為空間帶來迷人香氣，更可以稍微降低空氣的濕度。

精油燈／擴香石
Essential oil lamp

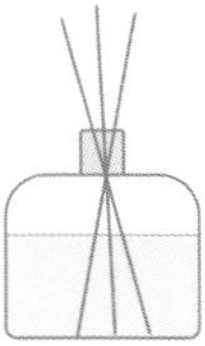

擴香竹
Reed Diffuser

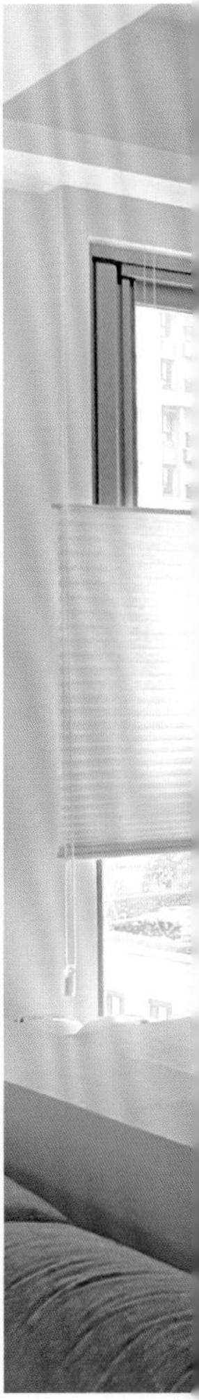

CONDITION
INTENTION
REASON
REGRET
Happiness
Does not
DEPEND ON
OUTWARD
THINGS
BUT
On the way
We see them
Leo tolstoy

- CASE 3 -

## 跟商空學風格
# 茶空間

建物 新成屋 坪數 54坪／1-2樓 用途 商業 預算 155萬

預計規劃 沖茶區／煮茶區、製餐區、用餐區

空間需求 有特色、輕鬆、愉悅、自然

TA設定 年輕人、輕熟族、喜愛大自然、想要釋放壓力、追求心靈享受的人

## 1 需求描述

茶是這個空間的核心，由於老闆娘想要引入世界各地經典茶葉成為店的特色，於是我們從茶本身開始發想。一開始老闆娘想要的空間感覺是日式茶道氛圍，帶給消費者清心與禪的味道；這空間有很大的前後陽台，於是日式庭院成為理想風格，又因父親留有一組古董茶壺，讓老闆娘有了開茶藝館的念頭，因此室內需要有展示茶具的規劃。

後期，為了讓空間更具特殊性、能夠滿足各類需求的消費者，老闆娘特別研究了鍋煮奶茶，希望將茶類做到中西交流，讓世界各地茶品皆能在此出現，因此烹茶區就成為關鍵核心。同時，搭配茶品的糕點和餅乾理所當然躍上menu，因而廚房與備餐區也格外重要。但如何在中西合璧裡走出一條有特色的路，讓這個空間不偏向東方禪意、也不過於西方簡練。再加上預算限制，施作的櫃體或品項無法太多，如何讓空間呈現商業空間該有的豐富度，便成了一大挑戰。

## 2 腦力激盪

一開始老闆娘想以日系風作為基本調性，但考量到預算及客群，我們決定將日系風微調，而工業風的無天花板設計剛好可以省下一筆天花裝修費用。不過由於工業風和日系風是截然不同的，所以選擇了輕質工業風當作兩種風格的橋樑，它的調性比較溫和且輕柔，與日系某些特點較和諧。

接下來，為了讓空間看起來更具特色，我們再加上現代工業風，現代工業風裡有一些元素可以用來強調空間個性、彰顯空間特質，且富有現代感。

### 日系風特點

Point1 木格柵
Point2 明亮的光源
Point3 開闊場域
Point4 和室
Point5 許多木質品
Point6 枯山水
Point7 清水模

### 輕質工業風特點

Point1 些微鐵件
Point2 輕柔且個性化
Point3 有趣和非平凡
Point4 清爽、舒適、不複雜
Point5 價格親民
Point6 淡灰色或淺灰色為主

### 現代工業風特點

Point1 原生材質
Point2 對顏色敏銳
Point3 有金／銀色元素
Point4 附有現代感
Point5 些微天花設計
Point6 淡灰色或淺灰色為主

### 特點合併

淡灰色、局部跳色、有趣、明亮、淺木、開闊場域、清水模、金色及銀色元素

**3 風格定案**

## 日系風、現代工業風與輕質工業風

最後，這個空間終極設定為：選用日系風材質增添空間質感、拉高整體氣質，並搭配輕質工業風與現代工業風，調節空間屬性，讓個性化與特色性顯現。日系風呈現禪與靜的感覺，調和了工業風的陽剛與粗獷，呈現出現代與自然的美感。

因此家具選了追求符合人體工學的日系風單椅，可使消費者更舒服的品嚐茶與點心，桌子則選擇扁鐵腳椅偏工業風的味道，靠牆邊的吧檯座位也是搭配工業風的桌椅。如此家具配置，兼顧了日系風與工業風，並讓空間與家具在風格上產生協調與呼應之感。

**設計拆解**

**●自由佈局**
由於空間挑高，採開放式設計可讓空間呈現更豐富的功能與變化。

**●生態概念**
將大量綠植栽納入室內，讓人完全沉靜在自然氛圍裡。

**●牆面變化**
利用顏色突出個性再加上造型牆展示不同地域茶品，牆面有型又有趣。

**●價格親民**
無天花板設計、牆面採淺灰色表漆或面貼造型壁紙，價格不貴卻效果十足。

## 配色──以灰色延伸出生態感

由於是商業空間，牆面與天花板採用代表工業風、且能讓家具形體與顏色更加突顯的灰色來做壁面呈現，由於空間大部分以灰色為主調，也保留了建物本身的深灰色地磚，因此使用仿清水模的建材來做櫃體，讓灰色更有層次、提升質感。同時在主視覺牆上做了跳色處理，使空間有不同趣味性，不過於冷調。

木色家具搭配了可以點綴出空間深度的黑色桌腳，也穩住了整個空間。由於有些茶具是白色的，因此選擇了白色家具點綴。同時放入了大量綠色，綠色代表生態，也為灰色空間增添活力。

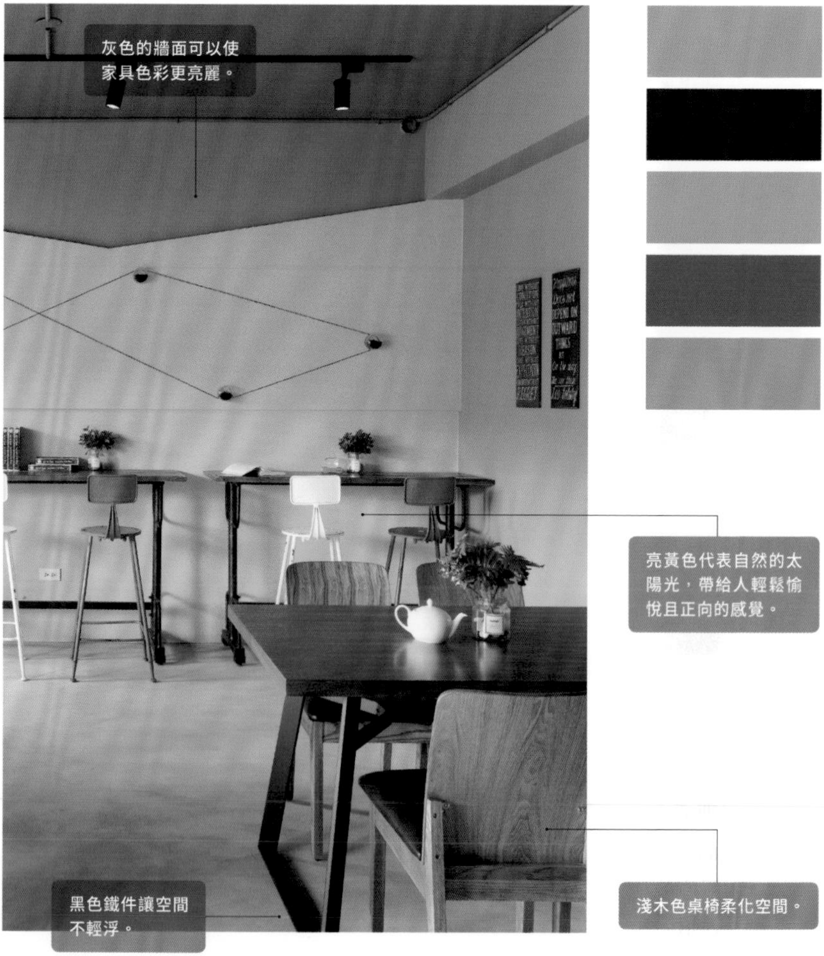
灰色的牆面可以使家具色彩更亮麗。
亮黃色代表自然的太陽光，帶給人輕鬆愉悅且正向的感覺。
黑色鐵件讓空間不輕浮。
淺木色桌椅柔化空間。

## 配件1 抱枕

抱枕也需要看起來很生態，因此選擇一些充滿花卉、綠葉、綠色、彩虹等款式。抱枕的擺放技巧則是走工業風的隨意路線，但切記不要將抱枕堆疊在一起，對於長窄型的座椅來說，攤開來橫放、陣列的感覺，或將某兩個抱枕稍微交疊，能使這張窄型長椅顯得豐富又不擁擠。

## 配件 2 畫、擺件、植栽

1F —— 入口處最重要的功能就是利用空間氛圍轉換心情，而在商業空間裡入口處的功能通常有兩種，一是讓人能夠明白店家的品牌核心，二是吸引消費者目光讓人立刻愛上這裡。

在這我們使用了木質雕塑去呈現空間的自然感，並結合展示功能讓入口處變得多元且親切。店家也可以隨著季節或者節日變更擺件的主題。在商業空間我會建議選用乾燥花或人造綠植作為裝飾，因為綠植雖然很美，但只要疏於照顧就會變「黃」植，生意盎然的感覺會立刻變成殘花敗柳；小提醒是乾燥花的色調挑選與其他擺件相同的色系，才能創造出植栽與空間對話。

茶壺是這個空間裡很重要的陳列，為了讓消費者更清楚感覺到「茶」空間核心，直接在入口處彰顯主題性。

入口處的畫在這裡是點綴的效果，除了增添趣味性，還可以遮住變電箱。立在地上的畫板，讓縱向面更有話題。

在入口處不單單只選擇綠色植栽，乾燥花也是很好的一個選項。

想讓綠色植栽牆看起來更立體，可以使用5-8種的植物品種去混搭，有些葉片可以大幅度的往前方點綴，創造出空間感。

選用對比色彩的裝飾品，讓整體意象更為鮮明。

利用色彩明暗度，做遠景與近景搭配，綠植栽牆讓淺綠色的桌椅看起來更顯眼，桌椅也讓植栽牆更顯立體。

2F ── 日系風的概念是運用借景的手法讓空間與自然連結，讓室內看起來更有活力。在二樓入口處沿用了一樓的概念，使用了綠色植栽牆迎接消費者們的到來。為了使綠色的植栽牆看起來更搶眼，在這裡也選用了超強配角──裝飾架，讓此展牆看起來更有特色，顏色的衝突讓整個空間更活力萬分。在這裡打破框架的是，當氣質與俏皮搭配在一起時，並不會不適合，只要有自然的元素存在，自然就是很好的調劑者。

門片式櫃體可以呈現空間的整體感。
開放式櫃體，適合陳列商品，建議用較規律或對稱的方式擺設。

## 配件3 櫃體、燈具

空間中的櫃體採用了3種不同設計；一是入口處背櫃，用來收納；中間區域的開放式鐵件櫃，是消費者可隨意瀏覽的商品區；最後吧檯區櫃體以水管為造型，主要展示不同茶品，提供消費者在店內飲用。此區特別選用兩種顏色照明；黑色燈具代表基礎照明，它的功用就是使空間明亮；白色燈具則是氛圍燈，我們將提燈做一點改造，讓它從天花板上懸掛下來，使空間更為有趣。

THE BEST
COFFEE
IN TOWN
LOVE
IS ALL YOU
NEED

LONDON
BIG BEN
Life is a Journey and LOVE is what that MAKES JOURNEY WORTH WHILE
DEPEND
THINGS
BUT

- CASE 4 -

## 跟商空學風格

# 復古工業風家具店

建物 舊商業大樓　坪數 600坪／展示區　用途 商業

預計規劃 倉儲區、進貨區、維修區、辦公區、商品陳列、櫃檯

空間需求 有個性、特色、過目不忘、吸引人、刺激消費

TA設定 較有個性、輕熟族、喜愛工業風、追求復古感、喜愛特殊風格的人

## ① 需求描述

這間知名復古工業風品牌擁有的商品達兩千多件，類別從櫃子、架子、桌椅、燈、箱及飾品等一應俱全。每個類別各自有不同的顏色、造型和元素，雖說都是工業風，但也因為款式不同，給人的感覺也有所不同。品牌負責人想推翻過去家具店既有陳列方式，使每一件家具不再只有展示功能，除了希望更加突顯商品獨特性外，也想給消費者不同的視野，藉此引導消費者進一步在自家空間中找到與工業風家具之間和諧的擺放方式。

於是我們開始針對兩千多件商品進行研究，從元素、造型、材質和尺寸逐一考量，同時也將品牌的TA加以擴大，除一般消費者外，專業人士如設計師、建築師也會是品牌的準TA；再整合品牌行銷團隊的意見，使整體設計概念能夠與品牌理念更加契合。

Before 空間模樣

## ❷ 腦力激盪

針對原有的空間進行觀察，我們歸納出三類，一是荒蕪的灰色水泥空間，一是前公司留下的木地板區，最後則是白色空間。考量這三區原有材質與顏色，最後決定以這三區做分類，打造出不同的感受。

雖然銷售的是復古工業風家具家飾，但還是希望能顛覆過去工業風給人的刻板印象，讓消費者理解原來復古工業風是多樣性的，我們的目標是讓每件家具都可以重新賦予它們新的表現法。

於是我們提出「意境空間」，主張家具不再只是一個單純的裝飾，是一個「你」的代表，更是一個全心的感受，同時也把冰冷工業風暖化，灌注生氣在整體空間裡，於是在意境上使用了四個主題。

**四大主題空間分區表**

| | | |
|---|---|---|
| A 主題空間 | ●太空區<br>●中古世紀<br>●盜墓記<br>●Holiday | |
| B 室內空間 | ●客廳<br>●主臥房<br>●書房<br>●Family Room | ●餐廳／廚房<br>●小孩房<br>●庭院<br>●Sunny Room |
| C 商業空間 | ●接待處<br>●會議室<br>●圖書館<br>●酒館<br>●音樂室 | ●辦公室<br>●Lobby Room<br>●販售部<br>●餐廳／咖啡廳<br>●櫥窗 |
| D 特殊空間 | ●入口處<br>●季節商品 | |

3 風格定案

## 復古工業風玩變化

復古工業風給人陽剛、粗獷、穩重的調性，但有這種喜好的人並不多，為了讓商品呈現更多元化、更有趣味性，因此結合商品本身的尺寸、材質、造型、元素及顏色，打造出23個場景、每個場景皆呈現不同意境，將復古工業風轉化成不同的風味。有些空間將柔度與美感帶入，中和陽剛及粗獷；有些空間擺放了很多綠植，看起來充滿生氣；有些空間則增添很多色彩，將復古工業風年輕化。如此一來，不僅讓消費者看到復古工業風的多變與可能，也可以協助店家刺激消費。

以太空區為例，前往太空探索是多少男人小時候的夢想？以這樣的夢想出發，在空間放入許多鋁皮材質家具，打造出太空書房的感覺，如果家長想替孩子塑造個性化讀書環境，讓學習與玩樂並行，這個空間是可以考慮的。為了讓空間不過於冷調，我們在這裡加入了植栽及皮革元素，讓人感覺溫暖的地毯也是可行，但顏色別選太過飽和，輕雅的色系更適合。

## 配色——強烈的大地色調

入口處保留了現場的地板、天花與牆面，因而延伸出整體配色——卡其、白與灰。如此一致性較高的配色，相對起來給人的感受更為強烈，對商業空間而言，不但是明顯的識別，更突顯了品牌的獨特性。

右側牆面漆成白色，與天花做一個視覺上的延伸。而在左側牆面的顏色上做不同的區分，原因是牆面上掛放的畫本體的顏色不同，為了和畫品做搭配，牆面成了畫品的底色，襯托出畫的獨特性。

主視覺牆選擇了斑駁的造型磚面，彰顯該品牌的個性與復古感，因此在吧檯用了與主視覺牆同色調的木棧板做前後呼應，當成桌面的黑玻是為了和黑色吊燈形成對話，玻璃本身的材質也讓櫃檯人員易於整理。整體色調以中性的大地色系為主，大地色在色譜上不冷不熱，因此看起來特別令人感到舒服與踏實。大地色彩也有回歸基點、釋放穩定心靈波長的效果，使得空間看起來是令人舒服的同時亦保有獨特性。

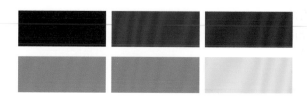

床上紅色抱枕帶出溫暖的氣息。單椅上的抱枕選比椅子色調再淺一點的卡其色，串連白色披毯和牛皮革椅。

圓形的地毯讓空間看起來更顯得可愛與俏皮。淺色可以讓空間看起來更為亮麗。

白色披毯讓視覺產生延伸性，擺設方式為捏起布三分之一的中心位置後，隨意掛披於椅身上。

## 配件 1 抱枕、披毯與地毯

很多人會有的共通疑問是，如果臥房以工業風呈現或佈置會不會顯得很生硬？其實要讓空間添加暖度，只需透過一些軟件與配飾的佈置，就能中和工業風色彩上冷酷感。像是彩度高的地毯、披毯與抱枕，再搭配線條可愛的泡泡燈球做裝飾，同時，選配圓角的家具款式也會比四方的來得更俏皮，工業風臥室可以一點都不生硬！

## 配件 2 牆飾、燈具

想要在冷調的工業風裡呈現出有生命力的感受，是一個很大的挑戰。除了綠植的裝飾擺放外，使用創意式飾牆裝飾也是一個方法。在這裡我們把牆上鐵板印花畫當成主視覺，再利用跳色拼貼讓這面牆看起來更有趣，圓形的配飾裝置也中和了工業風本身的硬漢氣息，透過顏色與造型，工業風也能生意盎然！

綠色的拼貼飾牆讓空間看起來更具生命力。碼錶造型掛鐘與燈具的造型一致，顏色亦與木餐桌為同色調。

燈具顏色選擇與天花同色，同時又與皮革座椅顏色構成三角呼應。

實木拼接的桌面，呼應天花木格柵的概念。

開放式架子為展示效果，有門片的櫃體則為收納碗盤用。

## 配件3 櫃體與木家具

這裡的天花是原建物所留下的，考量木天花板的造型元素後，決定擺放進這個空間的木家具都是直紋拼貼系列的，如此一來讓軟硬體間產生了元素上的沿用與連結。同時，餐廚是非常高機能的空間，在櫃體選配上，同時配置了開放式的架子和門片式的櫃體，用以符合不同的收納需求。開放式的餐櫃可以將美麗的杯盤擺設出來，也可以當成收藏杯具或酒類的展示空間；門片式的櫃體則走的是實用路線，可以作為一般收納使用，再淩亂都不會有人看見。所以，工業風的高餐櫥機能性就此完成！

# 風格師給你 居家空間布置85法則（人氣好評版）

**6大經典風格+8大明星級軟件，教你選對物、找出關鍵規劃，搭出對味的家**


作者　王雅文 Wing Wang
設計　mollychang.cagw.
文字協力　琦珞創意
插畫　朱嘉英
責任編輯　詹雅蘭

總編輯　葛雅茜
副總編輯　詹雅蘭
主編　柯欣妤
業務發行　王綬晨、邱紹溢、劉文雅
行銷企劃　蔡佳妘

發行人　蘇拾平
出版　原點出版 Uni-Books
Email　uni-books@andbooks.com.tw
電話：(02)8913-1005　傳真：(02)8913-1056

發行　大雁出版基地
新北市新店區北新路三段207-3號5樓
www.andbooks.com.tw
24小時傳真服務(02)8913-1056
讀者服務信箱 Email: andbooks@andbooks.com.tw
劃撥帳號：19983379
戶名：大雁文化事業股份有限公司

二版一刷 2023年12月
ISBN　978-626-7338-47-6(平裝)
ISBN　978-626-7338-49-0(EPUB)
定價 490元

國家圖書館出版品預行編目(CIP)資料

風格師給你 居家空間布置85法則：6大經典風格+8大明星級軟件,教你選對物、找出關鍵規劃,搭出對味的家/王雅文Wing Wang著. -- 二版. -- 新北市：原點出版：大雁出版基地發行, 2023.12
256面；14.8X21公分
ISBN 978-626-7338-47-6(平裝) 1.CST: 家庭佈置

422.5　　112019846